자폐의 비밀과 치료의 길이 열리는
오픈 도어

자폐의 비밀과 치료의 길이 열리는

오픈 도어

김승언 지음 | 안동현 감수

한울

김승언 선생님, 고맙습니다

　김승언 선생님은 자폐아동을 깊이 관찰하여, 해당 아동의 문제의 근원이 어디에 있는지를 파악한 뒤 접근하는 식으로 치료교육적 방법을 적용합니다. 또한 엄마에게 필요한 코칭도 해주시는 바, 그것을 실천하니 아이가 변화·성장하는 것을 직접 경험할 수 있었습니다. 그래서 김승언 선생님에 대한 신뢰가 더욱 커졌습니다. 김승언 선생님은 전문 지식은 물론 직접 10년 이상 현장에서 다양한 자폐아동들을 치료·교육하면서 체득한 지혜와 통찰력이 있습니다. 그러한 김승언 선생님의 노하우가 고스란히 담긴 이 책을 통해 많은 분들이 큰 도움을 받기를 기대합니다.

박정숙(양시윤의 엄마)

　우리 아이가 김승언 선생님의 한국특수요육원에 다닌 지 벌써 반년이 지났네요. 지난 반년 동안 김승언 선생님의 의지와 아이들에 대한 관심, 같은 부모의 입장에서 너무나 잘 이해해주시는 점 덕분에 저희 가족은 큰 힘을 얻었습니다. 김승언 선생님의 노력과 경험이 고스란히 담긴 이 책이 하루빨리 세상에 나옴으로써, 특수요육원의 아이들처럼 아픔이 있는 아이들과 부모님들에게 크나큰 힘이 되어주었으면 합니다.

권미정(한서율의 엄마)

그 많은 아픈 아이들이 기적처럼 고쳐지는 과정을 제 눈으로 직접 보았습니다. 김승언 선생님의 치료 노하우가 이 책을 통해 생생하게 전해질 거라고 생각하니 벌써부터 심장이 두근거립니다. 이 한 권의 책에 신비한 비밀이, 내 아이가 치료될 수 있는 열쇠가 담겨있습니다. 이 책을 보신 순간 기적이 일어날 것입니다.

남명희(유정한의 엄마)

김승언 선생님의 수업을 받으면서 내 아이의 눈맞춤과 언어의 질이 향상되는 것을 직접 목격했습니다. 그 덕에 감히 내 아이에게도 기적이 일어날 수 있다는 믿음을 가지게 되었습니다. 선생님의 자폐 치료 노하우를 엿볼 수 있는 기회를 주셔서 진심으로 존경의 마음을 담아 감사 인사를 전합니다. 이 책이 아픈 아이를 가진 많은 부모님들에게 위로와 희망이 되리라 기대합니다.

전소영(이나윤의 엄마)

늦은 나이가 아닌가 싶은 7살 1개월 때에야 아이를 데리고 부랴부랴 한국특수요육원을 찾아갔습니다. 김승언 선생님과의 수업이 시작되기 전까지 아이와 자주 바깥에서 활동하는 것만으로 충분하다고 생각했었지요. 그런데 실은 그것만이 아니라는 것, 하나님께서 더 큰 계획을 가지고 계시다는 것을 깨달았습니다. 저는 김승언 선생님과의 수업을 통해 아이와 진짜로 즐거운 대화를 할 수 있고, 교감도 할 수 있다는 사실도 알게 되었습니다. 김승언 선생님의 계속되는 부모 교육을 통해서 제가 제 아이에 대해 무지했음을 깨달았고, 단단하기만 했던 제 마음도 녹았습니다. 아울러 우리 가족의 습관도 바뀌었습니다. 아이와의 몸놀이를 통해 아이와 함께 건강하고 즐거울 수 있다는 사실도 알게 되었습니다. 그리고 제 아이에 대해 더 정확하게 이해할 수 있게 되었고요. 우리 윤호에게도 건강한 미래를 꿈꿀 수 있는 기회를 주신 김승언 선생님께 감사를 드립니다. 많은 분들이 이 책을 통해 새로운 기회를 찾기를 기도합니다.

김인경(김윤호의 엄마)

자폐증 치료의 새로운 희망

자폐증은 선천적일까? 자폐증은 치료될 수 없을까? 이 책의 저자는 "아니다!"라고 답한다. 장애인의 가족으로, 자폐아동의 친구이자 선생님으로 30여 년을 살아온 저자는 자폐증이 선천적이라는 사실도 중요하지만 후천적 영향도 아주 중요하며, 그리고 "치료될 수 있다"고 주장한다. 그러니까 자폐인을 위한 교육을 단순 반복하여 사회에 적응시키는 것이 아니라, 정상적으로 생활하게 하는 것이 가능하다는 이야기다. 자폐증을 치료하려고 노력하는 분들에게 용기와 희망을 주는 구체적인 내용을 담은 이 책은, 자폐아동의 가족들에게 탁월한 해결책이 될 것이다.

이 책은 자폐아동과 가족들에게 축복과 같다. 자폐증에 대한 편견과 그릇된 정보의 홍수 속에서 길을 잃은 가족들을 위해 자폐증의 문을 열기 위한 구체적인 방법을 제시하고 있다. 자폐아동을 치료하기 위한 쉽고도 구체적인 방법을 제시하면서, "아직 늦지 않았으며, 완치될 수 있다"는 저자의 말은 어디로 나아갈지 몰라 방황하는 독자들에게 한 줄기 희망이 될 것이다.

이 책은 매우 도전적이다. 저자는 열정을 바쳐 자폐아동들 및 그 가족들과 함께 대를 이어 공부하고 노력하면서 얻은 경험과 지혜를 나누고 싶어한다. 앞으로 저자의 이러한 경험과 지혜가 과학적으로나 학술적으로 인정받을 수 있게 되기를 기대한다. 그리하여 저자의 노력과 경험, 지혜가 더욱 널리 퍼져 더 많은 자폐아동과 가족들에게 도움이 되었으면 한다.

안동현(한양대학교 정신건강의학과 교수, 전 한국자폐학회 회장)

당신이 알고 있는 자폐는 가짜다

천재 과학자 아인슈타인이 자폐인이었다?

〈굿닥터〉 속 박시온의 모습은 진짜일까?

자폐인은 평생 극심한 장애를 갖고 살까?

자폐는 한자로 '自閉'라고 쓴다. '스스로 문을 닫았다'라는 뜻이다. 굳게 닫힌 문밖에서는 그 안에 무엇이 있는지 도무지 알 수 없다. 껍데기만 보이기 때문이다. 당신이 자폐에 대해 알고 있는 것들은 껍데기에 불과하다.

2013년 개정된 〈정신질환 진단 및 통계 편람(DSM-5)〉은 자폐증을 자폐 스펙트럼 장애(Autism Spectrum Disorder, ASD)로 바꿔 부르기 시작했다. 자폐성 장애는 특징, 성향, 원인과 배경이 천차만별이며 매우 광범위하기 때문이다. 그러므로 내 아이가 자폐인이라면 그 특징과 원인을 제대로 알아야 효과적으로 치료할 수 있다.

나는 지난 30여 년간 수많은 자폐아동들을 만났다. 어렸을 때는 자폐아동의 친구였고, 지금은 자폐아동의 선생이자 치료사다. 내 부모님은 내가 3살 때부터 자폐증에 대한 연구와 치료를 시작하셨다. 현재 나는 부모님과 함께 치료기관을 운영하고 있다. 아울러 언니, 남동생, 올케, 내 남편까지, 온 가족이 자폐아동의 치료를 위해 살고 있다.

한 분야의 전문가가 되려면 1만 시간을 채워야 한다고 한다. 이것이 1만 시간의 법칙이다. 우리 가족이 자폐와 함께한 지난 30여 년을 시간으로 환산하면 5만 시간이 넘는다. 이쯤 되면 전문가를 뛰어넘어 고수 중에 초고수로 인정받을지도 모르겠다.

당신의 아이가 자폐아동인가? 친척 중에 자폐아동이 있는가? 그렇다면 껍데기에 불과한 자폐증 관련 거짓 정보에 현혹되지 않도록 주의해야 한다. 나는 이 책을 통해 내가 30여 년의 연구 끝에 찾아낸 자폐증의 진실을 이야기할 것이다. 자폐증에 대한 진짜 이야기, 겉에 보이는 껍데기가 아닌 속에 감추어진 알맹이를 보여줄 것이다.

당신의 아이가 자폐성 장애인이 될 가능성은 2.64퍼센트다. 그러니 자폐는 결코 남의 일이 아니다. 그러나 자폐증 치료는 불가능하지 않다. 만약 그것을 안다면 말이다. 그러니까 자폐증의 진짜 모습을 알면 치료할 수 있다. 믿을 수 없다고 생각하는 당신, 그럼 다음과 같은 세 가지를 해보았는가?

- 내비게이션 없이 길 찾기
- 나침반 없이 항해하기
- 설명서 없이 최신 기계 조작하기

위의 세 가지를 할 수 있겠는가? 이보다 더 어려운 것이 이 책을 읽지 않고 자폐증을 이해하는 것이다. 이 책이야말로 자폐아동을 치료하고 그들과 소통하기 위한 나침반이자 내비게이션이며, 가장 정확한 설명서이다.

이 책에서 소개하는 '오픈 도어(Open Door)'의 뜻은 말 그대로 '문이 열렸다'이다. 문이 열렸다는 의미는 크게 두 가지다.

- 첫 번째, 자폐증의 원인과 비밀이 파악되었다.
- 두 번째, 자폐아동에 대한 치료의 길이 열렸다.

이 책에서 나는 자폐아동들이 보여주는 구체적인 행동과 그 원인을 이야기했다. 또한 어떤 방법으로 자폐증을 효과적으로 치료할지 이야기했다.

자폐증, 도대체 무엇일까? 아무도 속 시원히 말해 주지 못했던 비밀의 답이 바로 이 책에 있다.

차 례

CHAPTER 1.

자폐 치료, 그 기적의 아이들

자폐증은 정말
치료할 수 없는 것인가?

자폐증은 치료할 수 있다. 내가 경험한 사실이다. 어쩌다 한 명이 아니다. 수백 명이 치료되었다. 1~2년가량의 짧은 시간 동안 경험한 것이 아니다. 30여 년에 걸쳐서 치료되는 자폐아동들을 직접 만나고 눈으로 보았다.

나는 오늘도 자폐아동들을 만난다. 30여 년간 그들을 지켜보았다. 내가 직접 그 아이들을 치료한 지도 13년이나 되었다.

사람을 보지 않고, 누가 가까이 다가가면 눈을 이쪽저쪽으로 돌리던 아이가 똘똘한 눈으로 나를 보기 시작했다. 구석에서 혼자 멀뚱히 있던 아이가 사람에게 관심을 보이고, 친구에게 다가가기 시작했다. 늘 무표정했던 아이가 미소를 짓고, 표정이 다양해지면서 생기가 넘치기 시작했다. 말 한마디도 못하던 아이는 어느새 수다쟁이가 되었다. 일반 어린이집이나 유치원에 가서도 잘 적응했고, 세상으로 당당하게 나아갔다.

몇 년 후, 또는 몇십 년 후 그 아이에 관한 소식을 들었다..

"우리 아이가 이번에 D대학교에 들어갔어요. 더 좋은 대학교에 갈 수 있었는데, 수능을 못 봐서 아쉽다고 하네요."

"재작년에 졸업한 영실이(가명)인데요. 우리 아이가 유치원에서 과학영재라는 소리를 들어요. 친구들과 축구도 잘하고요. 주변에서 똑똑하다고 칭찬받는 아들이 되었어요."

가끔 졸업한 아이와 부모님이 함께 기관에 방문할 때가 있다. 언제 이런 치료를 받았느냐는 듯이 잘 성장해준 아이의 모습을 보면서 보람을 느낀다.

2012년, 한국특수요육원에 입회한 아이들이 100여 명, 치료가 되어 졸업한 아이들이 20명이었다. 20퍼센트의 치료 성과를 눈으로 확인한 셈이다. 2015년에도 전반기 7명, 후반기도 8명가량이 졸업하리라 예상하고 있다. 매년 평균 10여 명의 아이가 꾸준히 치료를 받고 졸업한다.

20퍼센트의 가능성은 매우 큰 것이다. 나는 20퍼센트 이상의 가능성도 만났다. 자폐아동들이 치료되는 것을 직접 보았다. 그렇지만 대부분의 사람들은 자폐아동이 치료되는 것을 보지 못했다. 그래서 병원이나 치료기관에서는 자폐아동을 완전히 치료하기보다 조금이나마 더 사회에 적응할 수 있도록 교육하는 것을 목표로 하고 있다.

왜 완전히 치료할 수 있다고 자신하지 못할까? "불가능이란 없다"면서 왜 자폐증 치료의 가능성은 배제할까? 의료기술이 발전하고, IT 기술 역시 최첨단을 달리는 이 시대에 자폐성 장애를 치료할 수 있다는 기대감은 오히려 하향 평준화되고 있다.

내 가족은 2대에 걸쳐서 자폐증 치료 교육을 해오고 있다. 30여년 전, 처음 이 일을 시작한 내 부모님께서는 지금도 자폐증 치료와 연구를 계속하고 있다.

내 부모님도 장애아동의 아버지이자 어머니였다. 부모님은 뇌성마비 장애인이었던 내 언니를 치료하겠다는 일념 하나로 연구를 시작했다. 쉬지 않고 관련 서적을 공부하면서 연구를 거듭했다. 산으로 계곡으로 나가 치료 교육 프로그램을 고안했다.

그래서 자폐아동을 둔 부모의 마음을 누구보다 더 잘 이해하고, 치료에 대한 열정 또한 뜨겁다. 부모님은 자나 깨나 자폐아동 치료를 위해 고민했고, 몸이 아프더라도 집에서 쉬지 않았다. 매일 기관에 가서 자폐아동들과 시간을 보냈다. 나는 그런 부모님 밑에서 성장했다.

피아니스트의 자녀는 어린 시절부터 피아노 소리를 많이 듣는다. 그래서 그 소리에 자연스럽게 익숙해지고, 남보다 빨리 피아노를 배운다. 음식을 잘하는 부모 밑에서 자란 아이들도 음식을 잘한다. 부모가 요리하는 걸 자주 보았고, 맛있는 음식도 자주 먹었기 때문이다.

어린 시절부터 내가 부모님을 통해서 본 것은 자폐아동과 그의 가족에 대한 관심과 사랑이었다. 그리고 자폐가 고쳐질 수 있다는 강한 믿음과 확신이었다. 그래서 내게 자폐는 당연히 치료되는 것이었다. 하지만 나이가 들고 세상에 나가 보니 "자폐는 고칠 수 없습니다"라고 말하는 사람들을 많이 보았다.

그러나 사람들에게 무시당하고 외면받으면서도 내 부모님은 외쳤다. "자폐증은 치료될 수 있습니다!"라고 말이다. 그분들은 끝까지 포기하지 않으셨다. "뭘 공부한 사람들인데?" 혹은 "사이비 아냐?"는 식의 비방과 의심이 난무했지만, 내 부모님은 이 고독한 싸움을 포기하지 않았다. 자폐아동들을 위해서, 그 아이들의 가족들을 위해서였다. 단 한 명의 자폐아동이라도 치료되고, 그래서 그 아이의 가족들에게 희망을 줄 수 있다면 그만큼 의미 있는 일이 또 어디 있을까?

다음에 나오는 이야기들은 자폐증이 치료된 실제 사례다. 물론 그 아이들의 어머님들이 직접 쓰신 글들이다. 지금도 많은 아이들이 자폐증을 치료하여 행복한 삶을 살고 있다. 이 책을 읽는 독자 또한 다음과 같은 신념을 얻기를 바란다.

"자폐증은 치료될 수 있다."

바란다면 이루지 못할 일이 없습니다

큰딸을 낳고 5년 만에 제왕절개 수술로 3.5킬로그램의 아들을 낳았습니다. 민준이는 어렸을 때 정말 순했습니다. 그래서 아이를 내버려둔 채 혼자 돌아다닌 적도 많았습니다. 불러도 반응이 없고, 눈을 맞추지 못하는 것을 보면서 이상하다고 생각하기는 했어요. 하지만 주변, 어른들이 남자아이는 늦되고, 애 아빠도 늦었다고 하기에 위안을 받았습니다. 그래서 대수롭지 않게 여겼어요.

어느 날 군인인 아이 아버지와 같은 부대의 군의관이 "민준이가 자폐성향이 있는 것 같습니다"라고 조심스럽게 말을 했습니다. 그때 뒤통수를 세차게 얻어맞은 기분이 들었지요. 나도 모르게 눈물이 줄줄 흘러나왔습니다.

다음 날 바로 병원에 가려고 했어요. 그때 홍천 교회의 목사님께서 전화를 주셨습니다. 목사님께서는 한국특수요육원을 소개해주시더군요. 그러면서 가지고 계신 책《자폐증을 이긴다》를 전화로 읽어주시며 자폐증의 증상도 말씀해주셨습니다. 전화기로 들려오는 기도 소리를 들으면서 얼마나 울었는지 모릅니다.

한국특수요육원에서 상담받을 때 민준이는, 전체 13가지 중 7가지만 해당돼도 자폐증 판정을 받는 문자테스트를 받았습니다. 민준이는 11가지나 해당되었지요. 높은 곳에 올라가기, 손만 놓으면 뛰기, 껴안아주는 것 피하기, 종일 앉아서 책만 보기, 침 흘리기, 신변 처리 못함, 언어장애(심지어 '아' 하는 소리도 못했습니다), 눈 안 마주치는 것, 불러도 안 보는 것, 엄마아빠를 못 알아보는 것, 타인에게 관심이 없는 것, TV 광고에 지나치게 집중하는 것 등 이루 말할 수가 없었습니다.

상담 선생님이 민준이를 껴안아보더니 "심한 중증 자폐예요. 치료하려면 2년 이상 걸립니다"라고 하셨습니다. 그래도 최선을 다할 것이라 하시니 이상하게도 마음이 편했습니다. 이때 민준이가 빨리 나을 수 있을 것이라는 생각마저 들었지요. 이틀 후부터 스스로 '자폐아동 민준이의 엄마'라는 사실을 받아들였습니다. 그리고 인천에 사는 동생 집에서 생활하며 치료 교육을 받으러 다녔습니다. 민준이는 점차 말문이 트이며 투정이 늘었습니다. 다른 사람을 밀쳐서 대신 사과한 적도 많았고, 민준이가 던진 물건에 멍이 들기도 했습니다. 아이를 돌보다 발을 삐어도 아픈 다리를 끌며 치료 교육을 받으러 다녔지요.

때로는 화가 나고, 아이와 함께 죽고 싶은 마음마저 들었습니다. 그렇지만 처음부터 받아들이려고 마음먹었기 때문에 인내했습니다. 남편은 "때가 되면 나아지겠지"라며 저를 달랬습니다. 지금도 민준이가 좋아진 것은 남편의 기도와 노력 덕분이라고 믿습니다. 그만큼 남편은 인내심을 가지고 차분히 민준이를 가르쳤습니다. 애들 응석을 받아주고 교육을 도맡은 것은 물론, 청소와 설거지까지 했습니다.

1995년 4월 3일 제왕절개 수술로 태어난 민준이는 1998년 3월부터 자폐증 치료 교육을 받기 시작했다. 2000년 자폐증이 완치되어 졸업했고, 지난 2014년 단국대학교 소프트웨어학과에 입학했다. 현재 대한민국을 지키는 군인으로 복무 중이다.

어느 날 민준이가 "엄마"라고 불렀을 때, 식구들은 놀라서 입을 다물지 못했습니다. 그때부터 민준이는 매일 저에게 크고 작은 감동을 선사했습니다. 저는 민준이를 통해 자폐아동, 즉 장애아동이 의외로 많다는 사실을 알게 되었습니다.

한번은 장애인 복지관에서 테스트를 받았습니다. 상담 중 "얘가 자폐 맞아요?"라고 묻길래 "예! 지금은 완전히 고쳤어요"라고 답했습니다. 저는 자만이 아니라 자랑을 하고 싶습니다. 지금 민준이는 말을 많이 합니다. 책을 읽고, 글을 쓰고, 공부도 잘합니다. 그래서 예정보다 빨리 졸업을 할 수 있었습니다.

이 글을 보시는 자폐아동의 부모님들께 격려의 말을 전합니다. 더욱 힘내시고, 아이의 가능성을 믿으며 승리하시길 바랍니다.

9개월 만에 기적이 일어났습니다

9개월 만에 이런 글을 쓴다는 것 자체가 저에게는 기적이나 다름 없습니다. 이 글이 자폐 스펙트럼 증후군이라는 고통에 빠진 많은 분들께 희망이 되기를 바랍니다.

동철이는 3시간만의 진통 끝에 3.4킬로그램으로 건강하게 태어났습니다. 하지만 저는 아이와 애착 관계를 맺기보다는 의무감에 모유를 먹였고, 돌이 될 때까지 버둥거리며 힘들게 키웠습니다. 남들이 보기에는 평범한 모자 관계였을 것입니다. 그러나 매일 새벽에 3번씩 깨면서 의사소통이 전혀 안 되는 아이와 지내는 것이 정말 힘들고 고통스러웠습니다. 다들 아이가 늦되다고 하고, 순하다고 해서 버텼지만 지금 생각해보면 문제가 많았습니다.

동철이는 안아줄 때 뻗치는 경향이 많았어요. 그래서 아이를 바닥에 떨어뜨릴 뻔한 적이 한두 번이 아니었습니다. 또한 빛에 관심이 많아 전등을 보고 누워있는 시간이 많았고, 천장의 샹들리에를 보면서 손으로 배를 계속 치는 자기 자극 행위도 했습니다. 쉬운 까꿍놀이도 하지 않았고, 짝짜꿍이나 잼잼, 곤지곤지도 물론 안 했습니다.

간식을 나눠 먹을 줄도 모르고, 이름을 불러도 반응이 없었지요. 그래도 그냥 고집 세고 도도한 아이라고 생각했습니다.

동철이가 11개월 무렵에 저는 둘째를 임신했습니다. 그래서 저는 14개월부터 동철이를 어린이집에 보냈습니다. 어린이집에서는 아이가 조금은 늦되지만 잘 지낸다고 했고, 혼자서도 잘 논다고 해서 마음을 놓았습니다. 하지만 시간이 지나자 원장님도 동철이가 불러도 반응을 안 하고 대답도 안 한다며 걱정하셨습니다. 가끔 친구가 불러도 대답을 안 해 친구에게 물려서 오는 경우도 있었습니다. 또 머리를 자주 책상 모서리에 박고도 아프지 않은 듯 그냥 지나간다고 원장님이 말씀하셨고요. 그런데도 저는 '집에서도 늘 그러니깐' 하면서 대수롭지 않게 여겼습니다. 당시 저는 입덧도 심했고, 반복되는 육아가 전혀 즐겁지 않았습니다. 그래서 TV나 휴대폰의 동영상을 보여주거나, 영어 동요 테이프를 반복적으로 틀어주었습니다. 그것들로 인해 아이의 자폐성향이 심해질 줄은 몰랐습니다.

6개월 후 저는 둘째를 낳았습니다. 제가 조리원에 있는 2주 동안 동철이는 완벽하게 자기 세계에 빠져 살았습니다. 돌봐주시는 어른들은 아이가 만화만 틀어주면 밥도 잘 먹고 혼자 잘 논다고 하셨습니다. 하지만 어린이집에서는 "아이가 자동차를 다 뒤집고 바퀴만 굴린다", "누워만 있다", "자주 넘어진다", "활동에 전혀 참여하지 않는다"라고 하는 등, 정상적이지 않은 행동만 한다고 전해주었지요. 조리원에서 나와 동철이와 생활을 해보니 아이는 다른 사람과 전혀 시선을 맞추지 못했습니다. 특히 전자레인지나 오디오, 엘리베이터 숫자만 보려 했고, 동생은 투명인간 취급을 했습니다.

수족구를 앓던 동철이를 2주 만에 어린이집에 보냈었을 때입니다. 그런데 다른 아이들을 발로 차고 박치기를 하며 정신없이 뛰어다니느라 통제가 안 된다는 전화를 받았습니다. 아이를 데리고 나와 300미터쯤 되는 거리를 걸어오는데, 1초라도 한눈을 팔면 아이가 죽을 것 같았습니다. 눈으로 버스의 바퀴 굴러가는 것을 보다가 갑자기 버스로 뛰어드는 것은 다반사였습니다. 아이는 LED 간판을 보다 넘어지고, 다른 사람의 유모차나 킥보드를 보면 거꾸로 뒤집어 바퀴를 굴리려 했습니다. 또 지하 주차장에서 거의 2시간 내내 뛰어다니는 등 이해할 수 없는 행동을 했습니다.

소아정신과 상담을 받게 된 결정적인 계기는 따로 있었습니다. 처음에는 장롱에 비치는 자신의 모습을 보며 반복적으로 뛰던 것이 점점 악화된 겁니다. 나중에는 2시간 30분가량을 곁눈질하고 손까지 흔들며 뛰었어요. 의사는 당연하다는 듯 포인팅이 안 되고, 지시에 반응이 없고, 눈 맞춤이나 호명에 반응이 없으며, 놀이를 못 하는 것 등을 언급했습니다. 그러면서 아이의 지능은 12개월에 머물러있다면서 고칠 수 없다고 했습니다. 네, 치료의 의미가 없던 것이지요. 생의학을 비롯하여 다양한 치료법을 찾아 상담을 해보았지만 아이는 자폐인이며, 고칠 수 없다는 답변이 돌아왔습니다. 하지만 마지막으로 찾은 한국특수요육원만은 달랐습니다. 원장님은 아이의 상태를 잘 설명해주셨고, 20년 이상 입증됐다는 말씀도 해주셨습니다. 저는 희망을 품고 치료 교육에 임했습니다.

치료 교육은 첫날부터 만족스러웠습니다. 특히 아이의 피부를 자극하는 터치 테라피는 치료 교육의 꽃이라고 생각합니다. 이를 통해 삼키는 것 같던 동철이의 울음소리가 뱉어내는 울음소리로 변했습니다. 꼬집히거나 찢어져도 아픔을 느끼지 못했던 피부의 감각신경이 일깨워져 아픔을 알아갔습니다. 나아가 두려움, 무서움, 긴장을 비롯한 다양한 감정을 알고, 감사하게도 다른 사람의 아픔과 눈물까지 이해하게 되었습니다.

치료 교육을 받고 3주 후 동철이와 손을 잡고 길을 걸어간 적이 있습니다. 그런데 아이가 에스컬레이터도 그냥 지나가고, 간판 보는 횟수도 줄었으며, 가게 자동문에도 집착하지 않는 데 깜짝 놀랐습니다.

2개월 반 만에 동철이는 개별반에서 그룹반으로 등반했습니다. 사실 자폐성향이 아직 많이 남아있어 불안했는데, 선생님께서는 동철이의 기능적인 부분을 예리하게 알아보시고 졸업반인 그룹반으로 등반시키신 것이지요. 그때부터 동철이는 수업을 통해 다양한 자극을 받게 되었고, 문제 행동은 현저히 개선되었습니다. 5개월 후 병원에 가서 물어볼 것을 적어 놓은 수첩을 보았지요. 바로 그 순간 아이의 문제 행동이 전혀 보이지 않았던 겁니다. 전에는 40개쯤 되었었는데 말이지요. 동철이는 7개월 무렵부터 단어를 말하기 시작했고, 9개월인 지금은 교회 유아부에서 무슨 말씀을 들었는지 물어보면 "십자가에 예수님이 돌아가셨어요", "포도주가 변했어요"라는 답을 술술 합니다. 정말 감격스럽고 감사한 일이 아닐 수 없습니다.

우리 동철이의 치료는 터치 테라피 외에도 자연과 동물을 통한 마음 치유, 미세한 감정 치료, 다양한 활동을 통한 인지 자극, 사회성 유도 활동, 치료사 선생님들의 열정이 만든 기적의 결과입니다. 동철이가 치료되는 것에 놀란 주변 사람들도 "자폐증도 치료될 수 있네요!"라고 말합니다.

저는 요즘에 아이를 돌볼 때 정말 행복합니다. 아이와 대화하고 웃고 기뻐하는 것, 때로는 아이를 혼내고 서로 싸우기도 하는 것에 감사합니다. 아이의 행동 하나하나가 사랑스럽다는 것을 31개월 만인 지금 처음 느꼈습니다. 단순히 아이만 치료된 것이 아니라 가정이 더욱 견고해졌고, 어떠한 상황에도 아이를 사랑하는 엄마로 거듭나게 되었습니다. 빨리 태어난 둘째 동찬이를 통해 동철이의 문제를 알게 되어 감사합니다. 아울러 동철이를 통해 엄마와 아빠가 자리를 찾게 되어 감사합니다. 많은 어머니들의 눈물의 기도가 이루어지도록 기도하겠습니다.

'엄마아빠'란 말도 못하던 지호가
질문이 많아졌어요

지호는 30개월이 되도록 말을 하지 못했습니다. '엄마 아빠'라는 말도 의미 없이 하는 것이 고작이었습니다. 어딘지 이상하다는 생각은 했지만, 남자아이는 늦되는 경우가 많다는 어른들 말씀에 괜찮겠거니 생각했습니다. 위로 8살 누나가 있지만 별로 신경 쓰지 않아도 잘 자라 주었지요. 그래서 지호도 자기 누나처럼 스스로 잘 크리라 생각하며 저는 일에만 신경을 썼습니다.

할머니가 아이를 봐 주긴 했지만, 실제로는 집에 오시는 도우미 아주머니가 놀아줄 때 빼고는 혼자 뒹굴뒹굴 놀 때가 많았습니다. 별 사고는 안 쳤지만 병뚜껑이나 빨대 같이 뾰족한 물건에 집착하는 경향이 있었습니다. 비디오나 TV를 많이 보여주지는 않았지만, 집에는 거의 항상 TV가 켜있었습니다. 지호는 광고 소리만 들려도 후다닥 TV 앞으로 뛰어가 빨려들 듯이 집중하곤 했습니다. 특히 뉴스의 일기예보 음악 소리만 들으면 눈을 떼지 못하고 좋아했습니다. 생각해 보면 아이는 청각적 자극과 시각적 자극에만 집착했던 것 같습니다. 누구도 지호와 상호작용을 해주지 않았던 것이지요.

친구의 권유로 발달 검사를 받아보기로 했습니다. 다른 애들보다 좀 늦겠거니 하면서 검사를 받았어요. 그런데 중증 자폐성향이 있고, 발달이 11~15개월 수준이라는 결과에 충격을 받았습니다. 발달 검사를 받고 처음 들은 말은 "애는 안 돼요. 빨리 특수유치원이나 복지관 같은 교육시설 알아보시고요, 요즘은 장애아들에게 지원이 많이 되니까 신청해서 지원받으세요. 애한테 투자할 돈 있으면 큰애한테 투자하세요"라는 냉정한 조언이었습니다. 그리고 "부모가 해줄 수 있는 건 없어요. 별로 도움이 안 돼요"라고 덧붙이는 말에 눈앞이 깜깜했습니다. 하지만 저는 인정할 수 없었습니다. 어떻게 30개월밖에 안 된 아이에게 이렇게 단정적으로 말을 할 수 있을까요? 빨리 뭐든 해야겠다는 생각에 놀란 마음을 진정시키고 특수어린이집이며 복지관, 치료기관 등을 알아보았습니다. 그때가 3월 중순이라 특수유치원은 자리가 없었는데, 지금 생각해 보면 다행입니다. 자리가 있었다면 거기로 보낸 뒤, 결국엔 지호를 포기했을지 모릅니다. 발달 센터를 한 군데 정해서 일주일에 2시간 수업을 받았는데, 2주 정도 지나자 이건 아니란 생각이 들었습니다. 지금이 얼마나 중요한 시기인데 아이가 일주일에 두 번, 고작 40~50분 수업을 받고 나아지겠는가 싶었지요.

그러던 중 남편이 인터넷으로 한국특수요육원을 알아봐주었습니다. 상담 선생님께서는 30개월이면 늦은 시기지만 아이 울음소리가 괜찮다며 희망을 주셨습니다. 한번 치료를 해 보자는 말이 얼마나 위안이 되던지요. 지호가 치료될 수 있다는 확신만으로도 가슴이 벅찼습니다.

치료 교육을 받는 것은 쉽지 않았습니다. 청주에 있는 집에서 안양까지 승용차로 왕복 네 시간을 이동해야 했으니까요. 이렇듯 힘들게 수업을 가도 지호는 한 달 내내 울기만 했습니다. 엄마랑 떨어질 때마다 우는 지호를 보면 측은한 마음보다는 시간이 아깝고 야속했습니다. 이렇게 매일 왔다 갔다 하는 게 잘하는 일인가 고민도 많았습니다. 3개월 무렵에 큰 변화가 있어야 발달이 잘 되고 치료의 효과가 있다고 하는데, 지호는 3개월이 되어도 눈 맞춤이 조금 좋아진 것 말고는 큰 변화를 보이지 않았어요. 그래도 6개월만 참고 다녀보기로 했습니다. 5개월이 지나고부터는 지호와 둘이서 대중교통으로 이동했어요. 버스에서 1시간 30분을 앉아서 오기가 여간 힘든 일이 아니었습니다. 하지만 이왕 시작했기 때문에 감당할 수밖에 없었습니다. 차 안에서의 시간은 저와 지호만의 시간이었습니다. 작은 블록을 가지고 놀기도 하고, 쉬운 그림책을 보며 얘기해주기도 했습니다. 지금 생각해보면 그 시간이 지호와 상호작용을 하는 중요한 시간이었던 것 같습니다.

6개월이 조금 지났을 때, 김승언 선생님과 상담을 했어요. 김승언 선생님이 "어머니, 지호가 아직도 수업에 적응을 못한 거 같아요"라고 하셨습니다. 지호가 울지 않고 수업에 들어가는 것만으로 적응을 잘한 거라 생각했는데, 선생님은 아이의 수업 참여도가 낮은 것을 보고 이렇게 말씀하셨던 것 같습니다. 솔직히 허탈하기까지 했습니다. 6개월이나 다녔는데 아직도 적응을 못했다니까요. 지호는 치료가 소용없는 아이는 아닌지, 속상해 눈물이 났습니다.

　그런데 2주일 정도 지났을 때 지호가 손가락으로 포인팅을 하기 시작했습니다. 제가 해줬던 말들을 기억하고, 과일이나 새, 공원의 분수 같은 간단한 것을 물어보면 손가락으로 짚었습니다. 가족사진을 보며 이모부, 할머니 삼촌 등을 가리키기도 했습니다. 이때가 36개월이 막 넘었을 때입니다.

　포인팅이 되자 그다음에는 한 음절로 소리를 내기 시작했습니다. 한 음절은 두 음절이 되었고, 저와의 상호작용도 많이 좋아졌습니다. 원장님은 터치 테라피 때문에 지호가 많이 좋아졌다고 하시며 그룹반으로 가도 되겠다고 하셨습니다. 정말 너무나 기뻤습니다. 하지만 그룹반으르 바뀌니까 지호는 또 울었습니다. 적응이 늦은 지호를 배려하여 9시 타임, 1시 타임, 11시 타임으로 시간표를 조정해야 했습니다. 그렇게 지호의 상태에 따라 변화를 준 것이 지호에게는 수업에 적응하는 데 큰 도움이 되었던 것 같습니다.

　그래도 단체반은 아이가 즐겁게 들었던 수업이었습니다. 모든 수업 중 가장 신나서 들어가고 제일 빨리 적응했습니다. 운동 수업은 지호가 가장 싫어하던 수업 중 하나였습니다. 잘 들어가다가도 1년쯤 지나자 다시 수업에 들어가는 것을 싫어하고 거부했습니다. 하지만 지호는 대근육과 소근육이 모두 약한 터라 운동 수업과 자연 수업은 빠지지 않고 해야 했습니다. 지금도 자연 수업은 거의 빠지지 않고 참석합니다. 여름에는 비가 와서 옷이 다 젖기도 하고, 겨울에는 춥다고 하지만, 자연 수업은 지호에게 너무나 중요한 시간이었습니다. 특히 겁이 많은 지호가 승마를 배우면서 조금이나마 자신감을 얻을 수 있었던 것 같습니다.

1년이 좀 안 되었을 때 지호는 간단한 문장을 말하고 질문을 하기 시작했습니다. "이건 뭐야?"라는 말을 반복적으로 하고 다녔습니다. 지금은 숫자와 시간에 관심을 보입니다. 길을 걸으면 보이는 아파트의 이름이 뭐고 몇 동이냐고 묻습니다. 전철을 타면 어느 역에서 내리는지, 다음 역은 뭔지 묻습니다. 이 건물 1층에는 뭐가 있고 2층엔 뭐가 있는지, 아침 9시엔 무엇을 하고 낮 3시에는 무엇을 하는지, 선생님은 집이 어디고 언제 오시는지 끊임없이 질문을 합니다. 빠른 게 뭐고 느린 게 뭔지, 1시간이 지나면 몇 시가 되는지, 해는 어디서 뜨고 어디서 지는지, 소아과는 뭐고 내과는 뭔지 궁금한 것들을 쉴 새 없이 물어서 답하다가 지치기도 합니다.

1년 넘게 아이가 치료 교육을 받으며 심적으로 힘들고 앞이 안 보일 때가 많았습니다. 그럴 때마다 같이 기도해주신 어머님들께 진심으로 감사드립니다. 김승언 선생님께서는 늘 예리한 눈으로 지호의 발달 상태를 보시며 잘하는 것은 칭찬해주시고 잘못된 것은 집어주시면서 길도 제시해주셨습니다. 가끔은 지호를 위해 엄마아빠를 채찍질하기도 하셨습니다. 치료를 받고 16개월 무렵부터는 오전에 어린이집에 다니고 오후에 치료 교육을 병행하고 있습니다. 아직 부족한 것이 많지만 지호는 왕성한 호기심으로 많은 것을 배워가고 있습니다. 열심히 교육을 받으면 부족한 것들이 채워지고 건강한 아이로 성장할 수 있으리라 확신합니다.

정수가 말을
이렇게 잘하게 되다니!

정수는 결혼 후 5개월 만에 얻은 아이였습니다. 제가 직장을 다녀야 했기에 출산 전까지 일을 하긴 했지만, 입덧이 심하지도 않았고 달리 문제될 만한 일은 없었습니다.

40주 3일이 되던 날 진통이 왔습니다. 2일간의 가진통과 14시간의 본격적인 진통 끝에 아이를 낳았어요. 하지만 어찌 된 일인지 아이는 울지 않았습니다. 병원에서 급히 조치를 취하고 나서야 아이는 울음을 터뜨렸습니다. 아이 얼굴도 보지 못한 채 하루가 지났을 때, 아이가 경기를 한다고 했기에 대학 병원으로 옮겨야 했습니다. 하늘이 무너지는 것 같았고 출산의 아픔이 채 가시기도 전에 침대에 누워 눈물을 흘려야 했습니다. 다행히 병원에서는 경기 증상이 없고 정상이라기에 아이를 데리고 집에 돌아올 수 있었습니다. 그 후로 아이는 별다른 이상 없이 자랐습니다. 몸을 뒤집기도 했고 기거나 웃기도 했습니다.

제가 직장에 복직한 뒤부터 정수는 할머니께서 키워주셨습니다. 아이와 놀아주는 시간은 퇴근 후 잠시뿐이라 미안한 마음도 들었지만 큰 걱정은 없었습니다.

돌 무렵엔 '엄마아빠', '맘마', '까까' 등 조금씩 말을 했는데, 주변 어른들 말처럼 남자아이라 말이 좀 늦는 거라 믿었습니다. 그러다 둘째를 임신하게 되었어요. 두 아이를 돌보기가 힘들 것 같아 21개월 무렵부터 정수를 가정 어린이집에 보냈습니다. 출산이 임박하여 몸과 마음이 힘들어질 때쯤 어린이집 원장선생님이 정수가 눈 맞춤이 안 되고 불러도 쳐다보지 않는다고 하시더군요. 한자리에서 수십 바퀴를 뱅글뱅글 돌기도 한다며 치료나 검사를 받도록 권유하셨습니다. 설마설마했는데 막상 이런 말을 들으니 너무나 가슴이 아프고 막막했습니다.

왜 이런 일이 우리에게 생긴 거냐며 부정도 해보고, 괜찮을 거라고 위안도 해보았습니다. 하지만 정수의 행동을 볼수록 '뭔가 잘못되었구나'라는 생각을 떨칠 수가 없었습니다. 처음엔 남편과 부둥켜안고 하염없이 울기만 했습니다.

지금 생각해보면 정수는 온순하고 혼자 잘 노는 아이였습니다. 그래서 집에서만 보내는 시간이 많았고, 혼자 애니메이션을 볼 때도 많았습니다. 두 돌이 다 되도록 놀이터 한 번을 안 데리고 갔던 것이 얼마나 후회스럽던지요. 직장에 복직했던 것도 너무 미안하고, 어떨 땐 모든 게 엄마인 내 잘못인 것 같아 죄책감에 시달렸습니다.

임신으로 지친 제게 이 모든 것은 정말 감당하기 힘들었습니다. 그래도 둘째 출산이 코앞인지라 어쩔 수 없이 정수는 급히 언어치료실로 보내야 했습니다. 그리고 이제는 괜찮을 거다 위안 삼았습니다.

그러나 둘째를 낳자 정수의 행동은 더욱 나빠졌습니다. 뭐든 던지고 소리 질렀지요. 눈 맞춤과 호명 반응은 더 안 좋아졌습니다. 동생 때문에 스트레스가 컸던 모양입니다.

도저히 안 될 것 같아 둘째는 놔두고 오직 정수에게만 신경을 썼더니 한 달 만에 좋아지는 걸 느꼈습니다. 하지만 아기인 둘째도 오빠에게만 신경을 쓰는 것을 아는지 악을 쓰며 울기를 매일 반복했습니다. 좋아진다고 느꼈던 정수도 금방 제자리로 돌아가는 것 같았습니다.

그러던 어느 날 서울에 사는 정수 고모 집에 방문했습니다. 놀이동산도 가고, 겸사겸사 정수에 대해 정확히 알기 위해 대학 병원 검진을 예약했지요. 병원 방문을 하루 앞두고 갑자기 친한 친구에게 연락이 왔습니다. 지인의 아이가 한국특수요육원이라는 곳에서 완치되었다는 이야기를 전하며 꼭 한번 가 보라는 것이었습니다.

전화를 받는 순간 왜 그렇게 손이 떨렸는지 모르겠습니다. 친구와 전화를 끊자마자 바로 연락을 했더니, 원장선생님께서 지금도 빠른 게 아니라며 빨리 오라고 하셨습니다. 결국 대학 병원 예약도 취소하고서 상담을 받았고, 시골에 내려가지 않고 바로 치료를 시작했지요. 이때 정수의 나이가 30개월이었지요. 4개월 된 둘째는 시어머니께 맡긴 채 치료가 끝나면 매일 정수를 데리고 산, 놀이동산, 바닷가에 갔습니다. 다양한 곳에 방문해 직접 보고 듣고 만지는 경험을 하게 해주었습니다.

한시도 쉴 틈 없이 아이와 웃고 울면서 함께했습니다. 정신적으로나 체력적으로나 너무 힘들었지요. 그래도 아이가 완치될 거라는 목표만 생각하며 달리고 또 달렸습니다. 그 덕분인지 한 달만에 정수의 눈 맞춤과 호명 반응이 매우 좋아지는 것을 느낄 수 있었습니다. 까치발은 완전히 사라졌고, 자동차 굴리기도 하지 않았습니다. 빙글빙글 도는 횟수도 확연히 줄고, 가족과의 애착도 좋아져서 먼저 다가와 안기고 뽀뽀하고 애교를 부렸습니다.

가장 놀라웠던 점은 수면 습관이었습니다. 전에는 재울 때마다 1시간에서 2시간씩 씨름을 해야 했고, 새벽에 깨서 2시간씩 놀 때도 많았습니다. 새벽 4~5시면 아이가 일어나는 바람에 직장 생활을 하는 것도 힘들었지요. 재우는 시간은 지옥 같았습니다. 그런데 요육원 생활을 시작한 지 얼마 안 되어 7시 30분에 잠이 들더니 다음 날 아침 7시까지 깨지 않는 모습에 가족들 모두 신기하기만 했습니다. 지금까지도 아파서 열이 나는 날을 제외하고는 보통 10시간 이상 잠을 푹 잡니다. 잠을 잘 자니 정수의 체력도 좋아졌고, 지금까지 힘든 치료 생활을 잘 버텨 준 것 같아 감사할 따름입니다.

그렇게 시간이 흘러 정수가 치료를 받은 지 6개월 만에 소그룹반으로 등반을 했습니다. 아이가 좋아지니 많이 기뻤지요. 그래도 아직은 눈 맞춤이 부족한 것 같아 매일 고민했습니다. 선배 엄마의 조언을 구해 매일 밤 자기 전 20분씩 몸놀이와 마사지를 하며 눈을 맞추려고 노력했습니다. 잠들기 전에는 옆에 누워서 눈을 맞추며 노래도 부르고, 오늘 있었던 일에 대해 이야기하기도 했습니다. 이렇게 6개월간 하루도 빠지지 않고 노력하자 그 결실이 나타났습니다.

치료사 선생님께 수업을 받는 것도 중요하지만, 집에서의 노력은 더 중요하다는 사실도 깨달았습니다. 눈 맞춤도 좋아졌고 포인팅으로 자기 의사를 표현하기 시작했습니다. 여전히 말은 못 했지만 이렇게 몸짓으로 의사소통이 가능해졌습니다. 물론 세 돌이 지나도록 말을 안 하는 아이를 보니 답답하기도 했고, 말을 못 하는 것은 아닌지 걱정과 고민을 하기도 했습니다.

그때마다 김승언 선생님은 정수는 분명 말이 터질 아이라며 절대 걱정하지 말라고 다독여 주셨습니다. 덕분에 흔들리는 마음을 다잡을 수 있었습니다. 또 매일 기관의 가족들과 기도를 하며 길고 긴 힘든 시간을 하나님께 맡겼습니다. 이렇게 서로 의지하며 눈물로 버티고 또 버텼습니다.

40개월이 되던 어느 날 차를 타고 갈 때였지요. 정수가 하늘에 달이 뜬 것을 보고 "달"과 "별"이라고 말을 했습니다. 이를 시작으로 단어를 따라 하더니 말이 터진 지 3개월 만에 "아빠 왔다", "물 주세요", "응가 싸", "고모 집에 가" 하고 두세 단어를 붙여서 이야기했습니다. 5개월이 흐른 지금은 "소그룹 끝나고 자연 가", "어저께 수영장 가서 모래놀이했어"라며 상황에 맞는 말을 할 정도가 되었습니다. "아빠 어디 갔지?"라든가 "이거 뭐야?"라고 궁금한 것을 질문하는 등 기본적인 의사소통도 가능해졌습니다.

치료 교육을 받은 지 1년 3개월이 지났습니다. 아직 치료가 더 필요하긴 하지만 2년도 안 되는 시간 동안 아이는 좋아졌지요. 그럴 수 있었던 것은 가족 모두가 힘든 시간을 잘 버틴 덕분입니다. 많은 부모님들이 이 글로 인해 조금이나마 희망을 얻고 힘을 내어 아이들이 치료되는 기쁨을 누리기를 간절히 기도합니다!

CHAPTER 2.
전세계 1억 명의 자폐인

20년 전에는 5,000명 중 1명,
현재는 68명 중 1명

가슴 아픈 일이다. 2014년 겨울, 3살짜리 아이와 엄마가 복지관을 방문했다. 비극은 그때 시작되었다. 복지관의 자폐성 장애 고등학생이 아이를 들어 창문 밖으로 던졌다. 3층 높이에서 떨어진 아이는 결국 숨을 거뒀다. 누구도 원치 않았던 일이 벌어졌기에 안타까움이 이루 말할 수 없었다. 지금도 죽은 아이의 부모가 겪을 고통을 생각하니 마음이 아프다. 자폐증 학생은 왜 그런 행동을 했을까? 이런 사고를 미리 막을 수는 없었을까?

다른 가슴 아픈 일도 있다. 다음 해에는 30대 여성이 4살 난 아들과 15층 아파트에서 투신자살을 했다. 아들이 자폐증 진단을 받은 것에 비관한 어머니가 아들과 함께 목숨을 끊은 것이었다. 그녀에게 자폐증이란 무엇이었을까? 아이의 미래에 어떤 희망과 기대도 할 수 없는, 그래서 죽음을 선택할 수밖에 없는 끔찍한 장애로 생각했던 것일까?

한 인터넷 게시판에 층간소음으로 고통받고 있다는 네티즌의 글이 올랐다. 그런데 그 네티즌의 윗집에는 아픈 아이가 살고 있어서 항의를 못 한다고 한다. 알고 보니 그 아픈 아이는 덩치가 큰 자폐아동이었다. 댓글을 단 다른 네티즌 역시 자기네 집 윗집에도 자폐아동이 있다며 공감을 표했다. 이렇게 자폐인들로 인해 고통받는 가족과 불편을 겪는 이웃의 이야기를 쉽게 들을 수 있다.

불과 10여 년 전만 해도 자폐증에 대한 인식이 부족했다. 지금은 예전과 달리 대부분의 사람들이 '자폐증'에 대해 들어는 봤을 것이다. 그만큼 수가 증가했기 때문이다.

20년 전만 하더라도 자폐증 발생률은 5,000명당 1명꼴이었다〔《정신질환 진단 및 통계 편람(DSM-4)》, 1994년〕. 지금은 '한 집 걸러 자폐인 가족' 이라고 한다. 2010년, 미국질병관리본부(CDC; Center for Disease Control)에 따르면 68명 중 1명, 남자아이는 38명 중 1명꼴로 자폐증이 발생하고 있다. 한 학급에 무조건 1~2명씩 자폐증이나 발달장애 아동이 있는 것이다.

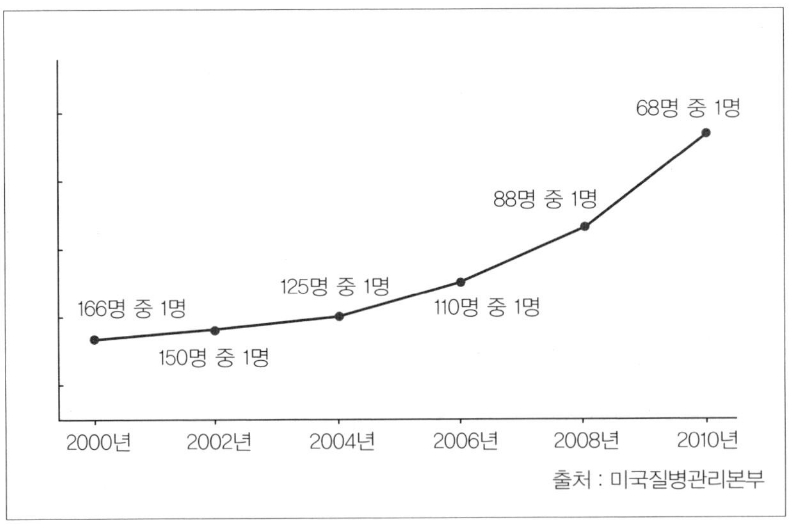

2000년 이후 자폐증 발생률

한국도 마찬가지다. 의학 학술지 〈미국정신과저널(American Journal of Psychiatry)〉은 2012년 한국 고양시에 거주하는 아동의 2.64퍼센트가 자폐 증상을 보인다고 발표했다. 문제는 이러한 발생률이 점점 증가하는 추세라는 것이다.

자폐아동의 가족은 심리적 고통을 받을 뿐 아니라 스트레스가 높아 심한 우울증을 앓기도 한다. 그 결과 자폐인과 가족이 함께 자살을 했다는 기사도 종종 볼 수 있다. 자폐 및 발달장애아동이 늘어남에 따라 이들을 감당해야 하는 학교에서도 많은 어려움을 토로하고 있다. 학급 선생님들은 그들을 어떻게 통제·조절해야 하는지 알기 어렵고, 함께 수업을 듣는 아이들이 피해를 보기도 한다.

올해 학교에 들어간 H군은 자폐아동이다. 하루에 2시간은 일반 교실에서, 2시간은 도움반에서 수업을 받고 있다. 그런데 심리적인 스트레스 때문인지 학교에 다니면서부터 소리를 심하게 지르는 문제 행동을 한다. 도움반 교실에서는 소리를 지르지 않지만 일반 교실에서는 주변의 반응이 재미있는지 이러한 행동을 반복한다고 한다. 같은 반 친구들은 방과 후 H군의 어머니를 만나면 "오늘도 H가 소리 질렀어요"라며 하소연을 한단다. 이렇게 소통이 되지 않고 분별력이 부족한 H군으로 인해 선생님과 친구들은 불편을 호소하고 있다.

하지만 아무도 자폐인들의 이런 행동에 어떻게 대처해야 하는지 알려주지 않는다. 그리고 자폐성 장애인과의 소통을 포기할수록 자폐인들의 고립은 심해질 수밖에 없다.

많은 사람들이 자폐인에 대한 선입견을 갖고 있다. 이상한 행동을 하고, 혼잣말을 중얼거리며, 위험한 행동을 할지 모른다고 생각한다. 그런 행동을 하는 자폐인들도 있지만, 모두가 그런 것은 아니다. 자폐인들의 특징과 양상이 매우 다양하기 때문에 이에 대해 오랜 시간 연구한 전문가도 적절한 해결책을 제시하기가 어렵다. 전문가에게도 어려운 자폐증인데, 가족과 이웃이 감당해나가기 힘든 것은 너무도 당연하다.

또한 자폐아동은 타인과의 소통이 어렵기 때문에 다른 어떤 장애보다 가족들이 감당해야 할 고통이 크다. 자폐아동이 점점 많아질수록 가족들의 심리적 고통이 커지는 것은 물론 재정적으로도 큰 손실로 이어진다. 나아가 이웃 간 갈등의 원인이 된다는 점에서 사회적·국가적인 차원의 관심이 필요하다.

우리가 자폐증을 제대로 알지 못하면 더 많은 사회적 문제가 발생할 것이다. 자폐증에 대해 제대로 알고, 올바른 방법으로 대응해야 한다. 자폐증의 껍데기가 아닌 제대로 된 알맹이를 알아야 건강한 사회를 만들 수 있다.

가끔 자폐증 협회의 공개 세미나에 참석할 일이 있다. 매번 갈 때마다 느끼는 건 참석자 중에는 관련 종사자나 전문가보다 자폐아동을 양육하는 부모님과 가족이 훨씬 많다는 것이다. 자폐인 가족의 가장 큰 관심사는 "정말 치료할 수 있을까?" 그리고 "어떻게 하면 더 좋아지게 할 수 있을까?"이다.

하지만 치료 이야기는 늘 마지막에 한다. 더군다나 제일 간소하게 한다. 구체적인 내용보다는 치료 교육 프로그램에 대한 소개로 끝이

난다. 치료 성과나 결과에 대해 자세히 설명한 경우를 찾아보기 어렵다. 큰 기대를 하고 참석했던 부모님들은 씁쓸한 마음을 쓸어내며 발길을 돌려야 한다.

자폐성 장애인과의 소통이 쉽지 않은 것은 분명하다. 그러나 자폐인에 대한 우리의 무관심이 더 큰 무지를 낳은 것은 아닐까? 바쁘다는 핑계로 자폐인을 알고자 하는 마음의 여유를 잃은 것은 아닐까? 우리는 자폐증에 대해 너무 모르고 있다. 겉으로 보이는 행동만 보고, ‘문제 행동을 하는 장애인’이라고 말한다. 그 안에 있는 의도와 동기를 볼 줄 모른다.

나는 인생의 대부분을 자폐아동들과 함께 보냈다. 자폐아동의 친구가 되었고, 그들의 가족과 시간을 보냈다. 한집에서 생활하고, 밥도 같이 먹고, 야외로 놀러가는 등 다양한 시간을 함께했다. 이렇게 깊이 교제하고 그들을 사랑으로 바라보니, 그들이 왜 그런 행동을 하는지 이해할 수 있게 되었다. 이해하고부터는 함께 웃고 울 수 있었다. 같이 있는 시간이 전혀 불편하지 않았다.

우리의 무지가 자폐인과의 소통에 벽을 세웠다. 벽을 허물려는 노력도 매우 미비했다. 자폐인에 대한 벽을 쌓아놓고서 어떻게 그들을 제대로 알 수 있을까? 벽 뒤에서는 보려고 한 들 제대로 볼 수 없을 것이다. 이 책을 통해서 많은 사람이 마음의 벽을 허물고 자폐인들의 참모습을 알게 되고, 아름다운 소통이 시작되기를 기대한다.

자폐증, '자폐 스펙트럼 장애'로
명칭이 바뀌다

- 눈을 잘 마주치지 않는다.

- 불러도 반응하지 않는다.

- 사람에게 관심이 없다.

위와 같은 자폐증의 주요 특징들에 대해서는 이미 많은 사람이 알고 있다.

2013년 개정된 〈정신질환 진단 및 통계 편람〉에서 자폐증은 '자폐 스펙트럼 장애(Autism Spectrum Disorder, ASD)'로 그 용어가 바뀌었다.

개정 이전에 자폐증은 발달장애 중 하나였다. 그런데 개정 후에는 다른 발달장애, 즉 반응성 애착장애, 아스퍼거 장애, 비전형적인 자폐증 등이 모두 자폐 스펙트럼 장애로 통합되었다. 이는 자폐증의 다양한 성향을 고려한 것이다. 결과적으로 더 많은 아이들이 자폐증으로 분류되었다.

스펙트럼(Spectrum)의 의미는 '광범위하다'이다. 자폐아동은 그 모습과 행동 특징, 발달 양상이 정말 다양하다. 자폐아동을 보면 얼핏 비슷한 것 같지만 다 다르다. 다른 것 같으면서 또 유사하다. 어떤 아이는 다른 사람과 눈은 마주치는데 말을 안 한다. 다른 아이는 눈은 1초도 안 마주치지만 문장으로 말을 구사할 수 있다. 또 다른 아이는 눈도 마주치고 말도 하지만 다른 사람에게 관심이 없다. 한 번 본 사물을 인지하는 능력은 좋지만 상황을 인지하지 못하는 아이도 있다. 그만큼 자폐증은 다양하다.

자폐성향을 다 가지고 있어야 자폐증 진단을 받는 것은 아니다. 반대로 한 가지 자폐성향이 있다고 해서 무조건 자폐증으로 결론을 내릴 수 있는 것도 아니다. 그래서 자폐증은 몇 가지 모습만 보고 진단을 내리기가 어렵다.

예를 들면 자폐성향 중 상동 행동이 있다. 똑같은 행위를 계속해서 반복하는 것이다. 그래서 장난감 기차나 자동차를 일렬로 나열하는 아이가 있다면 자폐증을 의심하게 된다. 그렇지만 건강한 아이들도 물건을 일렬로 나열하는 행동을 하는 경우도 있다.

그렇다면 무엇을 근거로 자폐증을 진단해야 할까? 제4장의 93페이지(자폐증 초간단 진단법)에서 자폐증을 진단할 수 있는 간단한 방법을 제안할 것이다.

병원에서 하는 똑같은 말,
"언어치료, 놀이치료하세요"

　우리 아이가 자폐증인지 궁금해서 병원을 찾는다. 각종 검사와 평가를 받는다. 부모에게는 궁금한 점이 한둘이 아니다. 어쩌다 내 아이가 자폐아동이 된 걸까? 왜 그런 행동을 하는 걸까? 어떻게 이 문제를 해결해야 할까? 그래서 의사에게 질문하지만, 의사라고 속 시원한 답을 할 수가 없다. 사실 병원에서도 자폐증 여부와 치료법을 정확히 파악하기가 어렵기 때문이다.

　소아청소년과 전문의는 아동의 발달 문제를 진단·평가한다. 그러나 치료사처럼 자폐아동과 오랜 시간을 보내며 지속적으로 자폐증을 탐색·관찰하기가 어렵기 때문에 문제 행동이 보여도 적절한 해결책을 제시하는 데 한계가 있다.

　5년 전만 해도 병원에서는 나이가 36개월이 되기 전인 아동의 자폐 여부를 판단할 때 '지켜보자'는 이야기를 많이 했다. 36개월 이전에는 진단하기 어려운 항목이 많았기 때문이다. 특히 언어의 경우 단순 언어발달과 자폐성향에 의한 언어발달장애를 구분하는 것이 어렵다. 그래서 36개월 이전의 아동에게는 자폐증 진단을 내리지 않고,

36개월이 지나서 다시 평가하고 본격적인 치료를 하는 경우가 많았다. 그러다 보니 치료적으로 중요한 시기를 놓치는 경우도 많았다.

하지만 최근에는 조기 치료, 조기 중재에 대한 관심이 높아졌다. 켄터키 대학의 생화학 교수인 보이드 헤일리(Boyd Haley)를 비롯해 많은 전문가들도 입을 모아서 말한다. "일찍 발견해서 적절하게 치료한다면 자폐증은 개선될수 있다"라고 말이다. 요즈음에는 24개월만 되어도 자폐증으로 진단을 내리기도 한다.

일찍 치료를 시작하면 좋다는 것을 알더라도, 구체적으로 어떤 치료가 효과적인지는 알기가 어렵다. 병원에서는 언어가 느리면 "언어 치료하세요", 사회성이 부족하면 "놀이치료하세요", 감각 발달에 문제가 보이면 "감각통합치료를 하세요"라고 권한다. 그냥 거기까지다. "그러면 치료가 될 거예요. 건강해지고 정상적으로 성장할 거예요"라는 말은 하지 않는다.

전문의도 어떤 치료가 효과적인지 정확히 알기 어렵다. 아직은 효과가 검증된 것보다 검증되지 않는 치료법이 훨씬 많다. 그래서 그중에서 몇 가지 치료법을 제시해준다. 그게 최선인 것이다.

그러나 자폐아동의 부모가 가장 묻고 싶어하는 것들은 다음과 같은 것들이다.

"치료가 가능한가요?"

"정상적으로 자랄 수 있을까요?"

병원에서는 '자폐증은 병이 아니라 장애'라고 설명한다. 그래서 완전한 치료는 불가능하다고 이야기한다. 그렇지만 치료를 통해 조금씩 훈련되고 좋아질 수 있기 때문에 치료를 받으라고 권하는 것이다. 그들은 오랫동안 자폐증이 완치될 수 없다고 배웠다. 또 실제로 자폐아동이 치료가 되어서 정상적으로 성장하는 경우를 보지 못했다. 그래서 배운 대로, 아는 대로 전하는 것이다.

자폐아동을 치료하는 곳은 많다. 언어치료, 놀이치료, 운동치료, 미술치료, 음악치료, 감각통합치료, 응용행동분석(Applied Behavior Analysis, ABA)치료, 심리치료 등 그 방법만큼 다양한 치료센터가 있으며, 사라지거나 새로 생기기도 한다. 앞으로 자폐성 장애아동이 많아지는 만큼 치료기관은 더 많이 생길 것이다. 필자 역시 오랫동안 치료기관을 운영하다 보니 주변의 변화를 자연스럽게 관찰할 수 있었다.

치료기관이 생기면 대부분 3년을 넘기지 못했다. 3년을 넘기더라도 자리를 옮기거나 다른 기관인 것처럼 이름을 바꿔 다시 운영하는 경우가 많다. 그 이유는 무엇일까?

정작 자폐아동들이 치료되지 않기 때문이다. 그래서 자폐아동의 부모는 실망을 하고, 그러한 소문이 돌면 기관 운영이 어려워진다. 발달장애나 자폐아동의 부모는 아이의 발전 상태를 보면서 초조하고 예민해진 경우가 많다. 아이가 변화하지 않으면 치료기관에 대한 신뢰를 잃고, 그에 대해 불만을 표현한다.

그러한 기관들, 그리고 치료사들에게 잘못이 있을까? 아니다. 그들은 보고 배운 대로 했다. 대학에서 지도받은 대로, 자격증 취득 과정에서 배운 대로 했다. 반복적인 훈련을 통해 자폐아동을 교육시키는 것이다.

하지만 자폐아동이 좋아지지 않더라도 치료법이 잘못되어서, 치료사의 유도 방법이 적절치 않아서라고 생각하지는 않는다. 원래 갖고 있는 장애 때문이라고 여긴다. 조금 좋아지면 '장애가 덜 심하구나', 전혀 좋아지지 않으면 '장애가 매우 심하구나'라고 생각한다. 치료사 역시 자폐아동이 정상적으로 치료될 수 있다고 배우지 않았고, 그렇게 치료된 경우를 보지 못했다.

그러나 나는 이 책을 통해 자폐아동과 부모 모두에게 희망을 주고 싶다. 자폐증은 분명히 치료될 수 있다고, 그리고 이렇게 하면 된다고 말이다.

6개월 단위로
치료기관 쇼핑하는 자폐아동 부모

"자폐증입니다."

이렇게 아이가 진단을 받았을 때 부모들의 마음은 어떨까?

"무엇 때문에?"

"왜 하필 내 아이가?"

수많은 질문들, 답을 알 수 없는 질문들로 부모는 힘든 시간을 보낸다. 어떻게든 아이를 고쳐야겠다는 일념 하나로 이곳저곳을 알아본다. 어떤 프로그램이 우리 아이에게 좋을지 고민하고, 인터넷과 책 등을 뒤지며 방법을 찾는다.

언어가 느리면 언어치료를 한다. 친구들과 어울려 놀지 못하면 놀이치료를 한다. 사물인지, 색깔인지 구분하지 못하면 개별인지치료를 한다. 감각통합치료가 좋다고 해서, ABA가 효과적이라고 해서 그런 치료를 받는다. 보통 일주일에 1~2회 40분 정도로 수업이 진행된다. 하지만 몇 개월 해도 별다른 효과가 없어 다른 치료기관을 찾아간다. 그렇게 몇 개월이 지난 뒤 또 다른 기관을 알아본다. 이미 치료기관을 다니고 있으면서도 어떤 치료가 더 필요할까 계속 고민을 한다.

이것이 부모의 마음이다. 아이가 자폐증이라고 하니 어떻게든 도와주려고 한다. 그러면서도 아이에게 도움이 되는 치료 교육이 무엇인지 정확히 모르니 닥치는 대로 해보는 것이다. 그렇게 세월은 흘러가고, 아이에게 특별히 큰 차도는 보이지 않는다. 자녀의 아픔을 해결해줄 수 없는 부모의 마음은 얼마나 아프고 먹먹할까?

한약도 먹이고, 뇌파 검사도 하고, 어디에 좋다는 약도 먹이고, 고압산소란 것도 해본다(9장에서는 하지 말아야 하는 치료에 대해 말할 것이다). 그 효과를 검증해주는 사람은 없다. 더군다나 아픈 아이들을 대상으로 비즈니스하는 사람들 속에서 부모들은 뭐가 옳고 그른지 판단할 수조차 없다.

옛날에 약장수에게 가장 잘 속는 사람은 누구였을까? 바로 지병이 있는 사람들, 고통스러운 병을 앓고 있는 사람들이었다. 자폐아동의 부모도 이와 같은 심정이다. 신경정신과 전문의인 현식이 어머니는 9살이 되도록 현식이의 자폐증에 차도가 없자, 부적을 아이 가슴에 품고 다니게 했다고 한다. 전에는 다른 사람들이 이렇게 비과학적인 미신을 믿는 것을 이해하지 못했다고 한다. 근데 정작 현식이의 자폐증이 차도를 보이지 않자 본인도 이런 것을 하게 되더라고, 웃기지 않느냐고 말했던 것이 기억난다.

이런 모성애와 지극한 마음을 누가 비꼴 수 있을까? 아무에게도 그럴 자격이 없다. 다만 그들에게 좀 더 명확한 기준과 치료 방법을 제시해주지 못한 이 사회가 반성을 해야 할 것이다.

뉴스는 세상의 비리와 갖가지 사기 행태를 발 빠르게 전해준다. 무고한 사람들이 부도덕한 사람들에 의해 더 이상 피해를 입지 않도록 하기 위함이다. 자폐아동을 둔 부모에게는 누가 이러한 소식을 전해 줄 것인가? 뭐가 맞고 그른지 분별하지 못해서 자폐아동을 둔 부모가 겪는 어려움은 누가 알아줄 것인가? 아이가 자폐증이라는 진단을 받는 순간 사회적 약자가 되어버린 가족은 누가 보호할 것인가? 사회에서 소외되는 고통을 어떻게 해소시켜줄 것인가? 우리 모두 면밀히 고민해봐야 할 것이다.

나는 지난 30여 년간 자폐증과 관련된 수많은 정보를 수집했다. 자폐증에 대해 연구하고 고민했다. 어떤 소문이 생겨나고 또 없어지는지, 그 흐름을 보고 경험했다. 더 이상 검증되지 않은 소문으로부터 자폐아동과 그 가족들이 피해를 입는 일이 없었으면 한다.

CHAPTER 3

산업 발달과 자폐증

아프리카에는 없고
한국, 일본, 미국에는 많다

　　아프리카 아이들은 정말 눈이 크다. 까만 얼굴에 커다란 눈이 선명하다. 아프리카에서 6개월 정도 살았던 적이 있다. 한국 사람들이 돌아다닐 때마다 아이들은 신기한지 우리를 쫓아왔다. 그래서 참 많은 아이를 봤다. 함께 생활도 했고, 병을 앓거나 장애가 있는 아이들도 학교를 통해서 소개를 받았다.

　　그중에는 말라리아로 삶을 짧게 마무리한 아이도 있었고, 멜라닌 색소결핍증으로 흰 피부와 노란 머리를 갖고 있는 아이도 있었다. 균에 중독되어 배가 심하게 튀어나온 아이, 에이즈에 걸린 아이, 구개열·구순열로 고통받는 아이들도 있었다.

　　하지만 눈을 마주치지 않고 혼자서만 놀려고 하는 아이, 즉 자폐성향이 있는 아이는 단 한 명도 본 적이 없다. 자폐증 연구가 서양 국가를 중심으로 이루어지다보니, 아프리카에서의 자폐증에 대한 구체적인 연구는 아직 이루어진 바가 없다. 아프리카에서의 자폐증 발생률조차도 정확하게 알 수 없다. 그러나 아프리카에 머무는 동안 나는 자폐증과 비슷한 증상이 있는 아이를 본 적도 없고, 그런 아이가 있다고 들은 적도 없다. 단순히 진단 체계가 정립되지 않아서 발견되지 않는 것으로 보기도 어렵다.

미국 캘리포니아 주의 UC 버클리 대학에서 '아동학' 수업을 들었던 적이 있다. 그때 그 지역에 자폐아동이 많다는 이야기를 심심치 않게 들을 수 있었다. 실제로 실리콘밸리 근방의 산호세라는 지역을 방문해보았다. 지인과 이런저런 이야기를 나누다가 자폐아동을 치료 교육하고 있다고 했더니 그분은 반가움 반, 한숨 반으로 이렇게 말했다.

"이 동네는 세 명 중 한 명은 자폐아동이에요."

도대체 이 동네에서는 무슨 일이 벌어지고 있길래 이렇게 자폐아동이 많은 것일까?

최근 자폐증 치료를 받기 위해 캘리포니아에서 온 아이가 있다. 아이의 아버지는 실리콘밸리에서 근무하는데, 소문대로 그 주변에는 자폐아동이 많다고 했다. 〈와이어드(Wired)〉지의 기자 스티브 실버만 또한 실리콘밸리 내 현격한 자폐증 증가율을 지적했다. 그는 기술 전문가(geek)와 그들의 자녀 중 자폐인이 많은 것을 들어 '괴짜 증후군(Geek Syndrome)'이라는 신조어를 만들기도 했다.

2010년, 미국질병관리본부는 자폐증 발생률이 68명 중 1명이라고 발표한 바 있다. 한국을 비롯해 미국, 캐나다, 일본, 영국, 중국, 대만 등 선진국에 해당하는 나라에서 자폐증 발생률이 높은 것이 특징이다.

이것을 나라별 특징이라고 보기에는 어렵다. 선진국, 후진국으로 구분하여 선진국에는 많고 후진국에는 적다는 의미도 아니다. 소득 수준으로 구별하여 소득이 높은 곳은 발생률이 높고, 소득이 낮은 곳은 발생률이 낮다는 것도 아니다.

나중에 더 자세히 언급하겠지만 지역적 특성에 따라 발생률이 다른 것으로 보인다. 도시화·산업화된 도시일수록 자폐증 발생률이 더 높다고 추정할 수 있다. 즉 아프리카라도 대도시에는 분명 자폐아동이 있을 것이다. 우리나라도 자폐증 발생률이 높다지만, 시골 마을에는 자폐증 발생률이 낮다. 자폐증 진단을 받은 아이들이 시골로 내려가서 사는 경우가 아니라면 말이다.

물론 도시화·산업화된 도시라고 해서 무조건 자폐증이 많은 것은 아니다. 독일, 프랑스, 네덜란드 같은 나라들은 미국, 영국, 일본보다 자폐증 발생률이 낮다. 아이를 키우는 양육 환경과 양육 방법 등에 따라 발생률이 달라지는 것이다.

자폐아동의 부모 중에는
고학력 전문직 종사자가 많다

"아이 머리는 엄마를 닮는다"라는 연구 결과가 나온 바 있다. 아이가 보통 엄마 아니면 아빠를 닮는 것은 당연하겠지만, 많은 시간을 엄마와 함께 보내다 보니 엄마 머리를 닮는다는 것은 쉽게 이해가 된다. 그런데 엄마아빠의 학벌이 평균 이상인데, 아이의 발달이 느리고 말을 하지 못하는 것은 무엇 때문일까?

이제껏 자폐아동을 치료하며 만난 부모들의 스펙은 정말 화려하다. 변호사, 검사, 판사, 의사, 교수, 박사 등 '사'자 들어가는 이들을 수시로 만난다. 국내 명문대는 물론 해외에서 석사 학위나 박사학위를 딴 분들도 있다. 학교 선생님이나 고위 공무원도 있었고, 다섯 명 중에 두 명은 사회에서 인정받는 직종에 종사하고 있다.

12살인 D군은 자폐아동이다. D군의 아빠는 종합병원 전문의고, 엄마는 신경정신과 전공의면서 개인 병원을 운영하고 있다. 할머니도 의사고, 이모도 의사다. 이모부는 보건복지부의 고급 공무원이다.

7살때부터 자폐증 치료를 시작한 L군은 엄마아빠가 모두 대학교수다. 대학 병원 소아청소년과에서 자폐증이라는 진단을 처음 받았고,

부설 기관에서 치료 교육을 받다가 변화가 없어서 우리 기관을 알고 방문했다고 한다.

천재적인 동물학자이자 자폐인인 템플 그랜딘 또한 자폐아동의 부모 혹은 친척 중에는 지능이 높은 사람이 많다고 주장했다. 세계적으로 명망 있는 아동-청소년 전문 정신과 의사인 수크데브 나라얀과 그의 동료들도 자폐아동 부모의 지능과 교육 수준이 높다고 지적했다. 노벨상 수상자 중 자폐아동 자녀를 둔 사람은 두 명이나 된다. 나 역시 상담을 하다 보면 이런 말을 자주 듣는다.

"저도 아이들 가르쳐 봐서 아는데요."

"수학 선생님이었어요."

"국회에서 일하는데요."

육아를 남들이 선망하는 직업순으로 잘할 수 있다면, 이들이 아마 1~2위를 다투지 않았을까? 아이들이 건강하고 지혜롭게 자라지 않았을까? 하지만 실제로는 달랐다. 이들의 아이들은 더 힘겨운 시간을 보내고 있었고, 자폐증이 되었다.

엄마아빠의 나이가 많다

　덴마크의 아루스 대학 에릭 토르룬드 파르너 교수팀의 조사에 따르면 부모의 나이가 한 명이라도 35세 이상일 경우, 아이가 자폐증이 될 확률은 부모 모두 35세 미만일 경우에 비해 27퍼센트 더 높다고 한다. 내가 만난 자폐아동 중에서도 부모가 40세 이상인 경우는 참 많았다.

　"저희 부부가 결혼을 좀 늦게 했어요. 게다가 결혼하고 7년 후에 가진 아이예요."

　"다문화 가정이에요. 아빠가 엄마인 저보다 13살 많아요."

　"아이 형이 대학생이에요. 형은 공부를 잘해 명문대에 다녀요. 어쩌다 늦둥이가 생겼는데, 자폐증이 될 줄은 정말 몰랐어요."

　"우리 아이는 5살인데, 위로 한참 나이 많은 형 누나가 있어요. 누나는 이번에 대학교에 들어갔어요. 아빠 나이가 많으면 자폐증 가능성이 크다는 이야기 듣고, 애 아빠가 죄책감이 심했어요."

　이런 이야기를 숱하게 들었다. 그래서 상담을 할 때, 아이 보호자로 오신 분들이 나이가 많아 보여도 절대 "아이 할머님이세요?"라거나 "할아버지세요?"라고 묻지 않는다. 무조건 "아이 어머님이세요?" 혹은 "아버님이세요?"라고 묻는다. 실수를 피하기 위해서다.

순했던 효자, 효녀가 많다

"우리 아이는 참 순했어요. 손도 많이 안 갔지요."

"잘 먹고, 잘 자고, 잘 웃고, 혼자서도 잘 놀았어요."

순해서 엄마를 힘들게 하지 않는 효자, 효녀라고 생각했는데, 자폐증이라고 하니 부모의 심정은 어땠을까? 뒤통수를 얻어맞은 것 같지 않았을까? 순하게 잘 크는 아이에게 고마웠는데, 그런 내 아이에게 문제가 있다니 믿기 어려울 것이다. 순한 만큼 더 신경을 썼어야 하는데 그렇게 해주지 못한 것에 대해 죄책감을 느끼기도 한다.

이란성 쌍둥이로 태어난 남녀 쌍둥이가 있었다. 그중 남자아이가 자폐성향이 있어서 치료를 받으러 왔다. 쌍둥이로 태어났지만 여자아이보다 남자아이가 훨씬 순했다고 했다. 힘들게 두 아이를 양육했던 엄마는 잘 보채는 여자아이를 좀 더 많이 안아주고 달래줬다고 했다. 그러다 보니 순했던 남자아이는 자연스럽게 혼자 노는 시간이 많아졌다. 여자아이는 조금 발달이 느리긴 했어도 돌이 지나니 말도 하고 건강한 모습으로 성장했다. 반면에 남자아이는 말은 전혀 늘지 않고, 산만한 행동이 가중되어 상담을 받으러 왔다. 자폐증이었다.

자폐아동의 엄마는 키가 훤칠하고 얼굴도 예쁘다

똑똑! 문을 두드리고 한 아이와 엄마가 들어온다.

엄마는 매우 미인이다. 키도 크고 긴 생머리에 옷차림도 깔끔하다. 아이 엄마라고 느껴지지 않을 정도로 몸매도 완벽하다. 우리 기관에 상담을 받으러 온 것이다. 발달이 늦은 아이와 함께 말이다.

우리 기관에서 치료받는 자폐아동의 어머님 중에는 키가 평균 이상으로 훤칠한 여성들이 많다. 육아 중인 엄마는 대부분 육아에 치여서 자기 자신을 가꿀 시간이 없는데, 이들은 좀 다른 것 같다. 손톱에 화려한 네일아트를 하기도 하고, 아이와 같이 다니기에는 불편해 보이는 짧은 치마를 입고 하이힐을 신고 다닌다. 그냥 봐도 "와, 미인이다"라고 말할 수 있는 어머님들이 참 많았다.

연극배우를 하셨던 분도 있었다. 아이 앞에서 노래를 부르고 춤도 많이 췄었다고 했다. 4살 된 딸아이가 자폐증이었다. 네일샵을 3개나 운영하는 분도 있었다. 고객들에게 깔끔한 모습을 보여야 하기 때문에 피부도 좋고 날씬한 미인이셨다. 아이가 셋이나 있었는데, 둘째 아들이 자폐증으로 치료를 받았다.

내 키는 대한민국 평균이다. 솔직히 말하면 평균보다 조금 작다. 그래도 평소에는 내가 특별히 키가 작다고 생각하지 않는데, 자폐아동 어머님과 상담을 할 때면 상대를 올려다볼 때가 무척 많다. 살짝 올려 보는 정도가 아니고 많이 올려다본다. 키가 170이 넘는 어머님들을 정말 많이 봤다.

그렇다고 예쁘고 키 큰 여성의 자녀가 무조건 자폐증이 된다는 것은 아니다. 자폐증의 원인은 뒤에서 더 자세히 언급할 테니 이 글을 보고 있는 예쁘고 키 큰 엄마들은 겁먹지 말기를 바란다.

엄마와 단둘이 주로 집에서만 양육

내 아이가 자폐증이 아닐까 고민하는 분들의 전화가 오면 나는 이런 질문을 자주 한다.

"어머님이 주로 양육하셨나요?"

"어머님과 집에서만 지내시지는 않았나요?"

10명 중 8명은 "네"라고 대답한다.

"어머님 외에 다른 사람들을 자주 만날 기회가 있었나요?"

역시 10명 중 8명은 "아니오"라고 한다.

자폐아동은 생후 초기에 엄마와 단둘이서 주로 집에서 양육되었던 경우가 많다. 밖에 나가면 아이가 통제가 잘 안 되고, 엄마 몸이 힘드니까 편하게 집에서 양육했다고 한다.

요즘은 대부분 핵가족이다. 아빠가 일하러 가면 아이는 대부분의 시간을 엄마와 보낸다. 엄마는 아이와 놀아주는 것이 힘드니까 TV를 많이 보여준다. 스마트폰도 자주 준다. 아이가 혼자서 장난감을 가지고 잘 노니, 계속 시간이 그렇게 지나갔다. 그러다가 말이 늦고, 불러도 잘 반응하지 않아서 상담을 요청하고 치료기관에 방문한다.

조부모가 주로 양육했다

요즘은 맞벌이하는 부부들이 많다. 그래서 아이를 조부모님께 맡기는 경우가 많다. 그래도 남의 손 빌리는 것보다는 시댁이나 친정 부모님께 맡기는 게 더 마음이 놓이기 때문이다. 조부모가 주양육자일 경우에 다음과 같은 특징이 나타난다.

- 조부모님이 체력이 저조해서 다양한 체험과 놀이가 부족하다.
- 종일 집에서 TV를 켜고 있어서 아이가 TV에 많이 노출된다.
- 일반적으로 조부모님은 아이가 원하는 것을 다 해주신다. 밥 때 되면 밥 주고, 울고 떼쓰면 간식을 준다.
- 건강한 탐색 활동을 막는 과잉육아. 아이가 걸을 수 있어도 넘어질까 봐 업고 다닌다. 손으로 흙을 만지면 더럽다고 무조건 손을 닦인다.

이러한 환경에 있다가 발달에 문제가 생기자 치료기관에 상담을 받으러 온다. 할머니 할아버지는 노년에 힘들어도 자식들을 돕겠다고 손자 손녀를 맡아주셨는데, 아이 발달에 문제가 있단다. 키워 준 보람도 없고, 자식들 눈치만 보게 된다.

아이의 부모는 계속 맞벌이를 해야 한다. 경제적인 이유로 직장은 그만둘 수가 없다. 아이가 자폐증이라는데, 친정이나 시댁에서 아이를 잘못 키웠을까? 의구심이 든다. 그렇다고 대신 아이를 키우느라 고생을 많이 하신 부모님 탓을 할 수도 없다. 모든 상황이 마음에 들지 않는다. 정말 친정이나 시댁에서 육아를 잘못한 탓일까? 왜 자폐증이 된 것일까?

어린이집 조기 보육

"생후 6개월 때부터 어린이집에 맡겼어요."

"말이 늦어서 걱정됐지만, 어린이집에서 괜찮다고 해서 정말 괜찮을 줄 알았어요."

일찍이 자폐증 진단을 받고 치료를 시작한 15개월 남자아이가 있었다. 치료기관에서 치료를 받은 뒤에는 아이를 어린이집에 보낸다고 했다. 가서 하나라도 배워 올 것 같으니 어린이집에 보낸다는 것이다. 친구들이 말하는 것을 보면 말도 늘겠지 생각한다. 아이도 자기 또래 친구들이랑 있으면 사회성이 좋아지겠지, 짧았던 눈 맞춤도 길어지겠지 생각하며 어린이집에 보낸다. 과연 그럴까?

아이를 돌보는 것은 누구에게나 어려운 일이다. 엄마가 자기 아이를 한두 명 돌보는 것도 힘든데, 교사 한 명이 많은 아이를 돌보는 것은 더욱 쉽지 않다. 아무리 아이들에 대한 애정과 사명감으로 뭉친 교사라도 열악한 근무환경과 업무 스트레스가 이어지면 모든 아이들에게 관심을 갖기가 힘들다. 아이들을 방치하거나, 심한 경우 아이들을 체벌하거나 학대하기도 한다.

언어발달이 느린 아이는 건강한 또래 관계를 형성하기도 어렵다. 또래 친구들과 어울리지 못하고 겉도는 시간이 많아진다. 이러한 환경에 오래 노출된 아이들은 사람의 관심과 애정에서 멀어진다.

이 밖에도 아이와 엄마의 기질적 성향이 매우 다른 경우, 아이 어머님이 산전·산후에 심한 우울증을 갖고 있는 경우도 많이 볼 수 있었다. 이러한 공통점이 시사하는 바는 무엇일까? 단순한 우연의 일치일까?

CHAPTER 4.

자폐, 생후 20개월에 진단

엄마아빠하고만
눈을 마주친다고?

　자폐아동이 다른 사람과 눈을 잘 마주치지 않는다는 것은 이미 잘 알려진 특징이다. 그럼 자기 부모하고만 눈을 마주치는 아이는 괜찮을까? 아이가 자폐증이 아닐까 걱정하는 부모에게 다른 사람과 눈을 잘 맞추는지 물어보면, "엄마아빠랑은 잘 맞추는데, 낯선 사람하고는 눈을 잘 마주치지 않아요"라고 대답하는 경우가 많다.

　일반적인 아이들은 익숙한 사람보다 낯선 사람과 눈을 더 잘 마주친다. 엄밀히 말하면 낯선 사람을 잘 노려본다. 이 사람이 내가 아는 사람인지 모르는 사람인지, 친해져도 되는 사람인지 위험한 사람인지를 활발히 탐색한다. 그래서 더 오랫동안 집중하며 쳐다본다. 그런데 낯선 사람과 눈을 마주치지 않고, 아는 사람들하고만 눈을 마주친다면 다른 사람들과 관계를 형성하는 데 어려움이 있다는 뜻이다.

　자폐아동은 눈을 잘 마주치지도 않지만, 바로 눈앞에 얼굴을 갖다 대도 이리저리 시선을 피하기도 한다. 눈 맞춤을 낯설어하고, 의도적으로 거부하기도 한다. 대부분의 자폐아동은 잠깐씩은 눈을 마주칠 수 있다. 그러나 1초 정도 눈을 쳐다봤다고 눈 맞춤이 잘되는 것은 아니다. 건강한 눈 맞춤을 하려면 상대방의 눈을 보면서 소통할 수 있어야 한다.

"저 사람의 의도는 뭘까?"

"엄마의 기분은 어떨까?"

"아빠는 지금 나에게 무슨 말을 하는 걸까?"

이것들을 이해하고 알고자 하는 눈 맞춤이어야 한다.

사람들은 이렇게 눈을 맞추고 눈빛을 교환함으로써 사랑을 나누고 감정적으로 교류한다. 눈빛만으로도 대화를 한다. 그래서 친밀한 관계에 있는 사람들은 눈빛만 봐도 서로를 이해할 수 있다고 한다. 눈 맞춤은 가장 기본적이면서 가장 높은 수준의 의사소통 방법이다. 자폐아동들은 이 눈 맞춤이 안 되기 때문에 소통의 기술이 부족할 수밖에 없고, 타인의 의도를 파악하기 어렵다.

보통 생후 2~3개월부터는 눈 맞춤을 하는데, 그전부터 가능한 아이도 있다. 그러나 3개월이 지나도 눈맞춤이 잘되지 않는다면 상담을 받아야 한다.

자폐아동은 원래부터 눈을 잘 마주치지 않을까? 물론 그럴 수도 있다. 하지만 내가 만났던 아이들은 달랐다. 돌 이전에는 아이가 눈을 잘 마주쳤는데, 시간이 지날수록 눈을 잘 마주치지 않더라고 말하는 부모가 상당히 많았다.

자폐아동 중에는 원하는 게 있을 때만 사람들과 눈을 맞추는 아이도 있다. 좋아하는 TV나 스마트폰을 달라고 할 때 눈을 맞추고 손을 움직이며 자기 의사를 표현하는 것이다. 좋아하는 과자나 간식거리가 있을 때 잠깐씩 눈을 맞추며 의사 표현을 하기도 한다. 하지만 요구 사항이 있을 때만 눈을 맞춘다는 것 또한 의사소통의 방법이 제한된 것이다. 이렇듯 사람 사이의 소통에서 가장 기초가 되는 눈 맞춤을 꼭 눈여겨봐야 한다.

또한 자폐아동은 자신이 관심 있는 것을 다른 사람과 함께 보는 것, 즉 공동주시를 잘 못한다. 공동주시 또는 공동관심은 사물·사건에 대한 주의를 다른 사람과 공유하는 것이다. 타인이 바라보거나 가리키는 것을 함께 바라보는 것은 아이의 상호작용과 의사소통 발달에 큰 역할을 한다.

"우리 아이는 포인팅을 안 해요."

"말은 하는데 궁금한 것을 가리키며 '이게 뭐야?'라고 묻지 않아요."

자폐아동은 이러한 공동주시가 어렵다. 예를 들면 여러 사람이 "우와, 저것 봐" 하고 시끌벅적 떠들며 하늘을 날아다니는 나비를 보

고 있다고 하자. 보통 아이라면 사람들이 보고 있는 게 무엇인지 궁금해서 그들이 보는 방향으로 시선을 돌릴 것이다. 하지만 자폐아동은 그렇지 않다. 다른 친구들이 뭘 보는지 관심도 없고, 함께 보려고 하지도 않는다. 엄마가 "여기 좀 봐"라고 손가락으로 가리켜도 좀처럼 함께 보지 않는다.

또한 포인팅을 하지 않는다. 대부분의 아이들은 그림책을 볼 때 자기가 보고 있는 것을 엄마가 같이 봐주기를 바란다. 그래서 좋아하는 그림이 있으면 손가락으로 가리킨다. 그때 엄마가 다른 곳을 본다면 엄마 얼굴을 잡아 돌려서라도 자기가 가리킨 것을 같이 보게 한다. 아이들은 엄마의 관심과 시선을 끌고자 적극적으로 행동하기 마련이다. 하지만 자폐아동은 이런 행동을 잘하지 않는다.

글자, 숫자를 안다고
똑똑한 게 아니다

"우리 아이는 숫자를 좋아해요."

"벌써 알파벳과 한글을 읽어요."

"말은 좀 느리지만 글자와 숫자는 읽을 수 있어요."

이런 경우가 참 많다. 아이가 숫자를 아는 게 신기해서 부모는 숫자가 나오는 책과 동영상을 보여준다. 시간이 지날수록 아이는 다른 것에는 관심을 잃고 점점 숫자에만 집착한다. 시계를 멍하게 쳐다보고, 달력을 끼고 산다. 숫자가 없으면 손가락을 움직여서 숫자를 만든다. 주변에 있는 사람에게는 관심이 없고, 혼자 숫자 생각에 빠져 있다. 자폐증이다.

초등학교 4학년인 은석이는 지금도 달력을 보고 있다. 어렸을 때부터 숫자를 좋아했다는 은석이는 지금도 주변 친구들에게는 관심이 없다. 은석이에게 "1990년 3월 5일은 무슨 요일이야?"라고 묻자 조금 생각을 하더니 "월요일"이라는 답이 돌아왔다. 인터넷으로 해당 요일을 찾아보니 정말 월요일이었다.

곱슬머리의 여자아이가 상담실에 들어왔다. 42개월이라는데 키

도 크고 골격도 다부졌다. 이름을 부르자 고개를 돌려 눈을 잠깐 쳐다보더니 이내 상담실 문에 쓰인 '상담실'이라는 글자를 바라본다. 책을 꺼내 보기에 "뭐라고 쓰여있어요?"라고 묻자 술술 글을 읽어 나간다. 아이는 책을 좋아해서 집에서 혼자 책을 보는 시간이 많다고 한다. 사람들이 있어도 관심을 보이는 일이 없고, 주변을 서성이다 글자가 있으면 그것만 멍하니 쳐다본다. 놀고 있을 때는 혼잣말을 하는데, 잘 들어보면 책에서 본 내용들을 의미 없이 중얼거리는 것이다.

비슷한 아이가 또 있었다. 아이의 엄마는 학원을 운영하는데, 일이 바쁠 때는 아이에게 혼자 책을 보도록 시켰다고 한다. 자연스럽게 아이 혼자서 책을 보는 시간이 많아졌다. 점점 다른 사람에게는 관심이 없고, 상황에 맞지 않는 말을 하기 시작했다. 그제야 아이의 부모는 이상하다는 생각이 들어 아이와 함께 치료기관에 방문했다.

아이는 교실에서도 멍하니 혼자 있는 시간이 많다고 한다. 역시 혼잣말을 할 때가 많았는데, 책에서 본 내용들을 중얼거리는 것이었다. 아이에게 "어제 뭐 하고 놀았어요?"라고 물으니, "엄마랑 산에 가서 나무를 심었어요"라고 답한다. 정작 아이 엄마는, 아이와 함께 산에 간 적도, 나무를 심은 적도 없다고 한다. 아마도 책에서 본 내용을 말한 것 같았다.

책에 너무 몰입한 것일까? 아이는 현실에서 일어나는 사건과 책에서 읽은 내용을 잘 구분하지 못했다. 현재 처한 환경과 주변에서 일어나는 일에는 관심이 없었다. 아마 아이의 머릿속에는 책에서 본 그림과 내용이 둥둥 떠다니고 있을 것이다.

준혁이는 쉴 새 없이 말을 계속한다. 자세히 들어보니 버스에서 들을 수 있는 정거장 안내 방송이다. 그 내용을 한 치의 오차도 없이 처음부터 끝까지 완벽하게 외운다. 준혁이는 버스 타는 것을 매우 좋아한다고 한다. 매일 버스를 타면서 방송을 듣다 보니 그 내용을 외운 것이다.

지하철 노선표를 통째로 외우는 아이, 신호등·자동차·버스 번호까지 기억하며 오는 길에 보았던 풍경을 정확하게 그리는 아이, 자동차의 종류를 다 알고 외우는 아이 등 어른들을 놀라게 할 만큼 특별한 능력이 있는 자폐아동이 참 많다.

자폐인에게 보이는 일부 특성 중 서번트 증후군이라는 것이 있다. 위에 제시한 사례처럼 특정 분야에서 놀라운 능력을 보이는 증후군이다. 드라마 〈굿닥터〉에 나오는 의사 박시온은 천재적인 암기력과 공간지각능력을 갖추고 있다. 그리고 전문가 뺨치는 그림 실력의 소유자다. 그런 남다른 능력을 환자를 치료하는 데 사용한다.

자폐인 중 10퍼센트 이내에 불과하다는 서번트 증후군의 경우처럼, 자폐증과 천재성은 혼동되기 쉽다. 정신의학 교수인 마이클 피츠제럴드는 아인슈타인을 비롯한 역사 속 천재들이 자폐 스펙트럼 장애에 시달렸다고 주장한다. 사회적 관계에 서툴렀다는 점과, 고도의 집중력과 관찰력이 있었다는 점, 남과 다른 방식으로 생각했던 점 등이 자폐증 증상에 해당한다는 것이다. 천재소년 송유근의 부모 또한 어린 시절 송 군이 4시간 동안 꼼짝 않고 개미집을 구경하는 것을 보고 자폐증이 아닐까 의심했다고 한다.

그러나 대부분의 자폐인이 보이는 단순 암기력은 천재성과 구별된다. 자폐성 장애인을 미화하기보다, 자폐인에 대한 올바른 이해가 우선되어야 할 것이다.

청력에 문제가 없는데
불러도 반응하지 않는다

"준형아, 김준형!"

아무리 불러도 아이는 반응이 없다. 멍하니 다른 곳을 바라보기만 한다. 그러다 갑자기 눈동자를 빠르게 굴리더니 말을 하기 시작했다.

"소방차예요. 삐뽀삐뽀해요."

무슨 소리인가 싶었는데 가만히 들어보니 창밖 멀리서 소방차 소리가 났다. 바로 옆에서 큰소리로 부를 때는 반응이 없더니, 멀리서 들리는 아주 작은 소방차 소리에는 1초 만에 눈이 초롱초롱해졌다. 왜 그럴까?

5살인 지윤이는 아직 상황에 맞는 언어를 사용하지 못한다. 그런데 지윤이가 외워서 부를 수 있는 노래는 수십 곡이 넘는다. 발음도 명확하고 음정도 정확하다. 유치원에 가도 다른 활동에는 관심이 없고 계속 노래를 부른다고 한다. 지윤이에게는 혼자 노래를 부르는 것이 제일 편해 보인다.

"부르면 대꾸를 안 하는데, TV를 켜면 그 소리는 어떻게 아는지 부리나케 와서 TV 앞에 앉아요."

"불러도 대꾸를 안 하길래 병원에 가서 청력 검사를 해 봤어요. 그런데 청력은 정상이래요."

"자기 이름을 아는데, 왜 이렇게 반응을 안 하는지 모르겠어요."

일반적으로 자폐아동은 청각에 큰 문제가 없다. 하지만 청지각에는 문제가 있다. 청각과 청지각은 비슷하지만 다르다. 청각은 말 그대로 들리고 안 들리는 청력의 문제다. 청지각은 들리는 소리 중 특정 소리를 선택하여 해석하고 반응하는 자각의 문제다.

예를 들면 넓은 공간에 사람들이 모여 있다고 가정하자. 30미터 떨어진 곳에 내가 좋아하는 이성이 있다. 나는 바로 옆에 있는 친구들과 이야기를 나누고 있지만, 내 귀는 그 이성의 목소리에 집중하고 있다. 가까이 있는 친구의 말소리보다 멀리 있는 그 이성의 목소리가 더 또렷하게 들린다.

우리는 갖가지 소리에 노출된다. 하지만 무의식적으로 자기가 관심 있는 소리를 선택하여 듣는다. 나를 부르는 소리, 나를 언급하는 말소리는 아무리 작은 소리라도 귀에 쏙쏙 들어온다. 하지만 나와 상관없는 환풍기 소리, 전기모터가 돌아가는 미세한 소리 등은 크게 의식하지 않는다.

카페에 앉아있으면 카페의 음악 소리, 웅성거리는 사람들의 말소리, 커피콩을 가는 소리, 카페 밖으로 차가 지나가는 소리, 문이 열고 닫히는 소리, 노트북 자판을 두드리는 소리 등 다양한 소리가 들린다. 주변이 아무리 시끄러워도, 미세한 핸드폰 진동음이 들리면 바로 알아차리고 전화를 받는 것도 청지각이 있기 때문이다.

자폐아동의 경우 관심 있고 즉각 반응하는 소리가 사람의 말소리가 아닌 다른 소리인 경우가 많다. 앞으로도 계속 언급하겠지만, 주로 기계와 관련된 소리를 좋아하고 반응한다. 현대화·도시화가 진행되면서 주변 환경 중 소음에 해당하는 소리가 많아졌다. 자폐아동은 주로 이런 소리에 민감하게 반응한다. 그러니까 다음과 같은 소리 자극의 강도에 따라 반응하는 것이다.

말소리 < 노랫소리 < 기계 소리

사람의 말소리보다 노랫소리가, 노랫소리보다는 기계에서 나오는 소리가 더 자극적이다. 아이는 엄마가 말할 때보다 엄마가 노래를 부를 때 더 귀를 기울인다. 그리고 엄마가 노래를 부를 때보다 장난감의 멜로디 소리에 더 관심을 보이고 반응한다. 그러니 TV의 자극적이고 웅장한 소리에 아이가 귀를 기울이는 것은 당연하다.

그러면 노랫소리, 기계 소리를 많이 들은 아이는 어떻게 될까? 강한 자극에 익숙해지면 그보다 약한 자극에는 잘 반응하지 않는다. 그래서 TV 소리와 자신을 부르는 엄마의 말소리가 동시에 들릴 때, 아이는 두 가지 소리를 다 들을 수 있지만, TV 소리에 선택적으로 먼저 반응한다. 사람에게 관심이 없는 자폐아동은 사람의 말소리를 듣고 그 의미를 생각하려 하지 않는다. 생각하지 않으니 무슨 뜻인지 이해할 수 없고, 의미를 모르니 적절한 반응을 하지 못한다.

친구들과 어울리지 못하는 것은
소극적인 성격 탓이 아니다

부모에게 아이가 다른 아이들과 잘 어울려 노느냐고 질문하면 다음과 같은 대답을 한다.

"아기 아빠 성격이 조용하고 소극적이라 그걸 닮은 것 같아요."

"시댁 쪽 조카들도 다 조용하고 혼자 놀아요."

아빠의 성격이나 기질은 당연히 아이에게 영향을 미친다. 가족의 분위기나 환경에서 영향을 받을 수도 있다. 하지만 자폐증에 의한 사회성 결여의 원인은 그런 영향과는 조금 다르다.

자폐아동은 아예 사람을 사람으로 인식하지 못하는 경우가 있다. 사람을 사람으로 인식하지 못한다니, 대체 무슨 뜻일까?

주변을 돌아보면 수많은 생물과 사물이 있는데, 자폐아동은 이런 것들과 사람을 구분하여 인식하지 못한다. 엄마를 인식하지 못하는 경우도 있다. 주변에 사람이 있어도 그냥 사물 중 하나로 이해한다.

이렇듯 사람을 인식하지 못하는 것과 단순히 '또래 아이들과 어울려 노는 것이 서툰 것'은 완전히 다르다. 내성적이고 소극적인 아이는 눈치를 많이 본다. 하지만 다른 사람의 모습을 살피고 눈을 마주칠 수도 있다. 즉, 다른 사람에게 관심이 있고 상호작용도 가능하다. 하지만 사회성이 조금 부족한 것이다. 그래서 자폐아동의 사회적 특징을 '내성적인 성격' 탓이라고 설명하기는 곤란하다.

미운 오리 새끼의 이야기를 떠올려보자. 주인공은 자신이 오리라고 생각했다. 다른 오리보다 조금 못생기긴 했지만 어쨌든 스스로 오리라고 생각했다. 그래서 진짜 동족인 백조가 있어도 관심을 갖거나 다가가지 않았다.

'저건 뭐야…….'

이렇게 무관심하게 지나갔을 것이다.

2012년, 〈늑대 소년〉이라는 영화가 흥행했다. 이 영화의 주인공 소년은 늑대들 사이에서 자라나 늑대의 행동과 특성을 배웠다. 손으로 음식을 먹고, 먹을 때도 천천히 꼭꼭 씹는 대신 허겁지겁 삼킨다. 두 발로 직립보행을 하는 대신 네 발로 기어 다닌다. 언어 자극을 받지 못했기 때문에 말을 못 하고, 사람에게 심한 경계심을 나타낸다. 좋은 의도로 다가가는 사람에게도 할퀴는 등의 공격성을 보인다.

자폐아동의 경우도 비슷하다. 자기 자신을 사람으로 인식하지 못하고, 같은 사람인 타인에게 관심이 없다. 사람들이 눈에 보여도 무관심하게 그냥 지나친다.

물론 사람을 인식하는 것이 가능한 자폐아동도 있다. 자폐증은 워낙 광범위하고 다양하기 때문이다. 사람에 대한 인식이 가능하고, 타인에게 관심을 둔다면 그렇지 못한 경우보다 발달 수준이 높을 것이다.

단순히 말만 느린 것이 아니다

"우리 아이가 말이 느려서요."

수화기 너머로 이러한 말을 수천 번은 들은 것 같다. 일단 아이가 말이 느린 것은 분명하다. 좀 지나면 나아지겠지 하는 마음도 크지만, 혹시 모르기 때문에 상담을 받겠다는 것이다.

말이 왜 느릴까 궁금해서 상담을 받으러 왔다가 갑자기 '자폐증'이라는 이야기를 듣고 당황하는 부모가 많다. 아이가 자폐증일지도 모른다는 사실을 바로 받아들이기는 당연히 힘들다. 그래서 부모는 이런저런 이야기를 한다.

"그냥 말만 느린 건 아닐까요?"

"저희 부부가 말수가 적어요. 그래서 아이가 말을 못 배운 것일 수도 있잖아요?"

"저희 집안 사람들이 어릴 때 다 말이 느렸는데요. 그래서겠지요?"

건강한 아이 중에도 단순히 말만 느린 아이도 물론 있다. 그런 아이들은 눈도 잘 맞추고 엄마 말도 다 알아들으며 심부름도 할 수 있다. 손짓과 표정 같은 비언어적 의사소통도 원활하게 한다. 주변 사람들에게도 관심이 있고, 다양한 놀이로 상호작용을 한다. 그렇다면 정말 말만 느린 아이라고 할 수 있다. 이 경우, 언어 자극을 적절히 주면서 시간을 갖고 기다리면 아이는 말을 잘하게 될 것이다.

그런데 눈을 잘 마주치지 않고 불러도 반응을 안 하는데 말이 늦는 아이라면 단순 언어 지연은 아니다. 자폐증으로 인한 언어발달장애일 수 있다. 좀 지나면 말하겠거니 하며 기다리면 안 된다.

"혹시 조음기관에 문제가 있는 건 아닐까요?"

"혀가 너무 짧거나 구강 구조에 문제가 있는 것 같아요."

자폐성향이 있다면 조음기관에도 문제가 생길 수 있다. 호흡과 발성의 문제로 이어질 수도 있다. 말을 하지 않으면 말하는 데 필요한 신체 부위와 각 기관의 기능이 약화되기 때문이다. 기계도 사용하지 않으면 녹이 스는 것처럼, 우리 신체도 마찬가지다. 말을 해야 하는데 하지 못하면 그 기능이 둔해진다.

실제로 그런 아이들을 많이 만났다. 스스로 입술을 붙였다 떼는 것도 어려워하는 아이였다. 그래서 다른 사람이 입술을 잡고 움직여주면 굉장히 낯설어했다. 혀를 내밀어 움직이게 유도했지만 그것도 하지 못했다. 모방 능력이 부족해서 그럴 수도 있지만, 혀의 움직임을 스스로 조절해본 경험이 없기 때문이다. 호흡이 짧아서 한 호흡으로 세 음절 이상 발음하기 어려운 아이, 발성에 힘이 없어서 얇고 작은 소리도 겨우 내는 아이도 있었다. 그러니까 조음기관에 문제가 있어서 말을 못하는 것이 아니라, 자폐성향으로 말을 하지 않기 때문에 조음기관의 기능이 저하되었다고 보는 것이 더 옳다.

선천적? 그것만이 원인이 아니다

내가 고등학교 3학년이었을 때, 특별전형으로 모 대학교에 수시 입학을 지원한 적이 있다. 1차 서류 심사를 통과한 후 2차 면접을 보러 갔다. 내 앞에는 무섭게 생긴(그때는 긴장해서 그렇게 느꼈다) 교수님 네 분이 앉아 계셨는데, 다음과 같은 질문을 하셨다.

"자폐의 원인은 선천적일까요? 후천적일까요?"

나는 떨리는 마음을 억누르고 내가 경험한 대로, 아는 대로 당당하게 대답했다.

"자폐는 후천적입니다."

한 교수님이 말씀하셨다. 차가울 정도로 짧고 간략하게.

"아니에요. 자폐는 선천적입니다."

결과가 나오지도 않았지만 이미 면접에 떨어진 것을 직감한 나는 집에 가는 차 안에서 내내 눈물만 흘렸다. 실제로 나중에 불합격을 통보받았다. 지금 생각해보니 내가 그 대학에 갔으면 4년 내내 "자폐는 선천적이다. 그래서 완치는 되지 않는다"라고 배웠을 것이고, 그랬다면 분명 나에게도 괴로운 시간이 이어졌을 것이다. 분명히 치료되는 것을 봤는데, 그게 아니라고 배우니 혼란스러웠을 것이다.

전문가들은 자폐성 장애의 원인이 유전학적·뇌신경학적 이유 때문이라고 한다. 자폐인들의 뇌 사진을 찍어보면 일반 사람들과는 다른 부분이 있다. 어떤 부분은 더 활성화되고, 또 다른 부분은 활성화되지 않아있다. 그래서 자폐증은 선천적이라고 한다.

그런데 자폐아동의 뇌에서 발견되는 이러한 결함이 태어났을 때부터 존재한 건지, 성장하는 도중에 뇌가 발달하면서 생겼는지는 알 수 없다. 아이는 태어나면서부터 온갖 복잡하고 다양한 경험에 노출된다. 다채로운 환경과 경험을 통해 뇌가 발달한다. 어떤 후천적 요인이 아이의 뇌 발달에 영향을 미쳤는지 찾아내는 것은 모래사장에서 바늘 찾기보다 어려울 것이다.

자폐아동의 부모와 상담할 때 이런 이야기를 자주 한다.

"단순히 양육 방법상의 문제로 인한 것이 아니에요. 만약 아이가 여자아이였다면 괜찮았을 수도 있고요, 아이가 한 30년 전에 태어났으면 건강했을 수도 있어요. 또 아이가 아버님이 아닌 어머님의 기질을 닮았으면 자폐증이 되지 않았을 수 있어요."

단순히 자폐아동의 부모를 위로하기 위해서 하는 말은 아니다. 한 아이가 자폐증이 되기까지 정말 다양한 요소들이 영향을 미친다. 그런데 똑같은 요인들이 영향을 미쳤더라도, 어떤 아이는 괜찮고 또 어떤 아이는 자폐아동이 된다. 개인적으로 갖고 있는 기질적인 특징, 취약한 부분에 따라 결과가 다르게 나타나는 것이다.

일반적이지 않은 행동에 대해 원인을 규명하기 위한 심리학적 모델이 많다. 그중 스트레스-취약성 모델(stress-distanesis model)이 자폐증을 설명하기에 적절하다. 스트레스-취약성 모델은 특정한 유전적 취약성과 환경적 스트레스가 결합될 때 정신질환이 나타난다고 설명한다. 자폐증 또한 개인의 유전적 취약성과 환경적 요인이 결합될 때 유발된다고 이해할 수 있다.

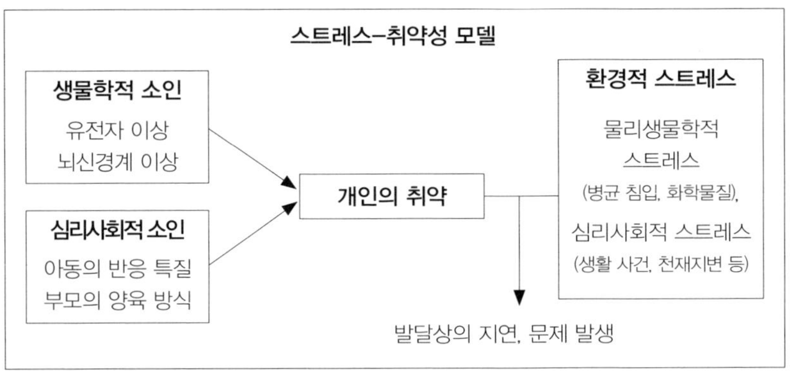

앞으로 계속 이야기하겠지만 영유아기의 과다한 TV 시청은 자폐증을 유발할 수 있다. 이런 이야기를 하면 꼭 부메랑처럼 다음과 같은 말이 되돌아온다.

"우리 옆집 아이는 우리 아이보다 TV를 더 많이 보는데도 말을 잘하던데요? 그 아이는 자폐아동도 아니고요."

"저도 어렸을 때 TV를 엄청 많이 봤는데, 전혀 문제없이 잘 컸어요."

TV를 많이 본 아이들 모두가 자폐아동이 되는 것은 아니다. 전염성 강한 독감이 유행하더라도 모든 사람이 독감에 걸리지는 않는 것처럼 말이다. 같은 환경에 처해도 개인의 기질과 취약한 부분에 따라 누구는 영향을 받고, 누구는 영향을 받지 않는다.

나는 웬만하면 자폐증의 원인을 설명할 때 '선천적'이라는 말을 하지 않는다. 그것만큼 힘 빠지는 말이 어디 있겠는가? 선천적이라는 말에는 "그렇게 타고났다. 평생 그렇게 살아야 한다"라는 뜻이 담겨 있다. 간혹 선천적이라고 이해할 수밖에 없는 자폐아동도 있긴 했지만, 나는 자폐증의 후천적인 원인과 그 치료법을 찾기 위해 노력했다.

"아이는 건강하게 태어났는데, 양육 환경 가운데 여러 가지 요인으로 자폐성향을 갖게 되었습니다. 그러니 치료될 수 있습니다. 부모님께서 함께 노력하시면 분명 좋아질 수 있고 완치될 수 있습니다."

나는 자폐아동의 부모에게 이 말을 자주 한다. 이것이 나의 신념이고, 또 지금까지 증명된 바이다.

자폐증 초간단 진단법

자폐증은 어떻게 진단해야 할까? 자폐증은 어떤 특징을 보고 판단해야 할까? 자폐증인지 확인하기 위해 무조건 병원에 가야 할까? 물론 병원에 가면 신경정신과 의사가 잘 설명해줄 것이다. 그렇지만 부모로서는 아이가 괜찮을 거라 생각할 것이다. 그러다 보면 병원에 가는 것을 차일피일 미루다 시간이 지나간다.

자폐성향에 해당하는 특성을 다 갖고 있어야 자폐증인 것은 아니다. 일부 진단 기준에서는 자폐성향이 7개 이상 해당되면 자폐증, 3~7개면 경계성 자폐, 3개 이하면 자폐증이 아닌 것으로 보기도 한다. 하지만 이러한 구분이 정확하지 않을 수도 있다. 자폐성향을 하나만 가지고 있어도 자폐증일 수 있고, 자폐증이 아니어도 몇 가지 자폐성향을 가지고 있을 수 있다.

불과 5~6년 전만 해도 병원에서는 36개월 전의 아동에 대한 자폐증 진단을 하지 않았다. 더 정확한 진단을 하려면 36개월이 지나야 알 수 있기 때문이다. 자폐성향은 아이가 발달하는 과정 중에 관찰할 수 있다. 상호작용을 해야 할 시기에 눈을 마주치는 행동이 부족하다든가, 시기에 맞는 적절한 발달과업을 이루지 못하는 것이다.

최근 자폐증 조기 치료에 대한 관심이 많아졌다. 일찍 발견하여 적절한 치료 교육을 받으면 호전될 수 있다는 것에 많은 사람이 동의한다. 그래서 36개월 이전의 아동이라도 자폐적 증상이 정확하면 자폐증으로 진단을 내린다. 자폐증으로 진단하기에는 애매하지만 충분히 자폐증이 의심되는 경우일 때도 치료를 적극적으로 권한다.

일단 사람 대신 다른 것에 관심을 더 많이 보인다면 자폐증을 의심해야 한다. 타인에게 관심을 보이면서 상호작용 할 수 있는지, 다른 사람의 의도를 알아차리고 반응할 수 있는지, 다른 사람의 감정을 이해하고 있는지를 확인한다. 만약 이러한 부분들에서 결함을 보인다면 자폐를 의심해야 한다.

집에서 간단하게 해볼 수 있는 테스트가 있다. 1분도 안 걸리니 자녀가 자폐증인지 확인하고 싶다면 꼭 해보기를 권한다.

일단 아이의 팔을 아무 말 없이 잡아보라. 아이가 밥을 먹거나, TV를 보거나, 블록을 가지고 놀고 있어도 상관없다. 조금 아프다고 느낄 정도로 꽉 잡아도 좋다.

건강한 반응은 누가 내 팔을 잡았는지 확인하면서 그 사람의 얼굴이나 눈을 보는 것이다. 왜 내 팔을 잡았는지 궁금해하거나, 싫다는 뜻을 담은 눈으로 상대방을 응시해야 한다. 그리고 계속 팔을 잡고 있는 게 싫다면 말로 "싫어요", "놔주세요", "아파요" 같은 의사 표현을 해야 한다. 혹은 다른 쪽 팔과 손을 사용하여 잡힌 팔이 빠지도록 시도한다.

자폐성향이 있는 아이의 반응은 다음과 같다. 팔을 잡아도 3초 이

내에 반응이 없거나 한참 후에 반응한다. 혹은 팔을 잡히자마자 눈도 마주치지 않고 울고 떼쓰고 몸부림을 친다. 손을 사용해서 팔을 뿌리치려고 하는 대신 그냥 몸을 흔들거나 도망가려 한다.

아이 앞에서 크게 우는 척을 해보는 방법도 있다. 일반적인 아이라면 다가와서 무슨 일 때문일까 생각하며 관심 있게 쳐다볼 것이다. 와서 다독거려주거나 눈물을 닦아주기도 한다. 그러나 자폐성향이 있는 아이는 아무 일도 없는 것처럼 그냥 하던 일을 혼자 계속할 것이다.

그밖에 숫자와 글자는 다 알지만 주변 사람에게 관심이 없는 것, 장난감은 잘 가지고 놀지만 부르면 반응하지 않는 것, 대근육과 소근육은 잘 발달했지만 신체 접촉을 싫어하는 것, 무표정할 때가 많고 혼자서만 놀려고 하는 것, 눈을 잘 마주치지 않는 것 등도 자폐증의 증상에 해당된다.

CHAPTER 5

자폐의 비밀이 열린다

자폐성 장애는 사람결핍장애

나는 자폐성 장애를 '사람결핍장애'라고 말하고 싶다. 사람이 결핍되면 자폐성 장애로 이어진다. 자폐성 장애아는 사람에 관심이 없는 게 아니라, 사람이 결핍되어 자폐성 장애인이 된 것이다.

《네모난 못》의 저자 폴 콜린스는 1725년 독일의 헤르츠볼트 숲에서 발견된 '야생 소년' 피터를 최초의 자폐인이라고 주장한다. 발견 당시 12세로 추정되었던 피터는 이듬해 영국으로 불려 왔다. 그러나 아무리 유능한 교사라도 피터에게 말을 가르치고 교육하는 것은 불가능했다. 결국 영국의 왕비는 피터에게 지낼 곳을 마련해주었고, 그는 72세로 추정되는 나이로 사망할 때까지 농가에서 평화로운 삶을 살았다고 한다.

야생 소년 피터는 어린 시절부터 곰에 의해 양육된 것으로 추측된다. 곰인지 늑대인지 정확히 알 수는 없지만 사람이 아닌 생명체에 의해 길러진 것은 확실하다. 역사적으로 기록된 피터의 모습을 보면 자폐성향이 많은 것을 알 수 있다.

야생 소년 피터의 자폐증은 사람이 결핍된 점에서 그 원인을 찾을 수 있다. 부모나 다른 사람에게 양육되지 못한 피터는 야생 동물의 행동 습성을 갖게 되었다. 언어도 습득하지 못했다. 사는 동안 몇 가지 단어만 사용했고, 낯선 사람에게 강한 경계심을 보였다. 늘 혼자 있으려 했고, 다른 사람과도 소통하지 못했다. 이러한 모습은 자폐성향에 해당된다.

피터의 자폐증은 어린 시절 곰에게 양육되어 사람들과 못했기 때문이라고 하자. 그렇지만 대부분의 자폐아동은 곰이 키우지 않았다. 아이의 부모가 키웠다. 그런데 왜 사람이 결핍되었을까?

신생아·모자 격리

현대 사회에 들어서면서 전통 사회와는 다른 문화적 관습이 생겨났다. '출산은 병원에서 하는 것'이 당연한 이치가 된 것이다. 산모는 병원에서 출산을 하고, 아기는 엄마와 분리되어 신생아실에 격리된다. 아늑한 엄마 배 속에 있던 아기는 '세상에 나온다'는 낯설고 불안하고 두려운 경험을 한다. 그리고 엄마 곁이 아닌 신생아실에서 2~3일을 머문다.

병원에서 퇴원한 엄마들은 산후조리원에서 2~3주가량 머문다. 아기는 엄마 곁에서 안정을 찾고 싶지만 다시 엄마와 분리된다. 분유나 젖을 먹을 때만 엄마를 보고, 다시금 '혼자 있음'을 경험한다. 엄마 배 속에 있을 때는 들리는 것도 엄마 목소리, 느껴지는 것도 엄마 숨소리와 움직임이었다. 그런데 태어나니 엄마도 옆에 없고, 엄마 심장소리도 들리지 않는다. 엄마 목소리도 들을 수 없고, 엄마 냄새도 맡을 수가 없다. 그래서 아기는 불안하고 두렵다.

미국의 심리학자 해리 할로는 태어나자마자 어미 원숭이와 격리된 새끼 원숭이는 자신의 손가락을 빨거나 몸을 감싸 안는 등의 유사 자폐성향을 보인다고 주장했다. 자신의 몸을 만져줄 어미 원숭이가 없기 때문에 새끼 원숭이 혼자 손가락을 빨고 몸을 두드리며 자기 자극을 하는 것이다. 또한 어미에게 양육되지 못한 원숭이는 다른 개체의 표정을 잘 이해하지 못한다. 이 역시 인간의 자폐성향과 유사하다. 마찬가지로 신생아실과 산후조리원의 신생아 격리 환경은 자폐성향을 유발하는 원인들 중 하나일수 있다.

육아는 누구에게나 힘들다

육아는 누구에게나 쉽지 않다. 아무리 순한 아이여도 엄마에게는 남모를 고충이 있다. 육아로 힘들어하는 어머니들을 만나면 이렇게 이야기한다.

"육아는 원래 힘든 거예요. 아이가 순해서 덜 힘들면 아주 고마운 거구요. 힘들게 하면 그게 정상인 거죠."

그렇지만 요즘 엄마들은 아이와 단둘이 있는 시간이 힘들다고 한다. 그래서 장난감이라도 있어야 하고, 스마트폰이라도 보여줘야 마음이 놓인다. 아이가 울고 떼쓰면 엄마는 바로 표정이 일그러진다. 언성이 높아지면서 감정이 조절이 안 된다. 한숨이 나온다.

아이와 살을 비비고 눈을 맞추고 이야기를 나누는 행복한 시간은 그들에게는 이상일 뿐이다. 현실과는 다른 '이상' 말이다. 그럼 이런 관계에서 엄마만 힘들까? 아이는 엄마를 힘들게 하는 괴물 같은 존재일 뿐일까?

아이는 사랑과 관심을 받고 자라야 살 수 있다. 관심과 사랑이 부족해지면 생명의 위협을 느끼며 더 많은 문제 행동을 한다. 더 크게, 더 힘차게 소리 지르며 울고 떼쓴다.

이렇게 아이는 사랑과 관심을 받기 위해 엄마를 찾는데, 엄마는 '뭐 때문에 그래?'라든가 '엄마 피곤한데 혼자 놀면 안 되니?'라는 식의 달갑지 않다는 반응을 보인다. 아이는 아마 이렇게 생각할 것이다. '혼자 놀아야 하는구나', '엄마는, 그리고 사람은 내가 의지할 수 있는 대상이 아니구나'라고 말이다.

아이는 점차 혼자 노는 것에 익숙해진다. 사람이 주변에 있어도 관심을 보이지 않는다. 주위에서 더 자극적인 놀잇감을 찾으려고 한다. 반짝거리는 것, 소리가 나는 것, 화려한 것 들에 관심을 두고, 점점 사람이 아닌 것들에 집중한다.

아이의 기질이 좀 예민하고 까다로우면 얘기가 달라진다. 같은 환경에서도 적극적으로 엄마와 교감하기를 원하는 아이는 발달상의 문제가 적다. 하지만 순한 아이는 사랑과 관심이 부족한 환경에 그대로 익숙해진다. 결국 엄마로부터의 자극이 더욱 결핍된다.

아이에게 첫 번째 사람은 엄마다. 첫 번째 사람과 신뢰를 형성하지 못하면 두 번째 사람, 세 번째 사람에 대해서도 믿음을 갖지 못한다. 결국 사람이 결핍 되면서 사람에게 관심이 없고, 타인과의 관계 형성을 낯설게 여기거나 불편해한다.

아이는 엄마와 마주 보면서 세상을 알아간다. 사람과 소통하는 법도 깨우치고 어떻게 생각하는지도 배운다. 엄마와 마주 보는 시간을 빼앗긴 아이는 사람에 대한 신뢰를 잃는다. 사람에게 관심이 없어지고 눈도 안 마주치며 혼자 놀고자 한다. 엄마가 쥐여준 로봇 장난감처럼 기계적이고 반복적인 행동을 한다. 자폐증이 되는 것이다.

예쁜 엄마는 우울하다

아이의 엄마도 원래는 여자였다. 그러나 아이가 생기면서 여자의 역할보다 엄마의 역할에 적응해야 한다. 아이가 자라는 동안에는 자기 자신보다 아이를 더 사랑하고 보호해야 한다.

그런데 간혹 자기애가 강했던 여성들 중에는 엄마의 역할에 적응하는 것을 어려워하는 경우가 있다. 자신의 아름다움을 잃는 것 때문에 힘들어한다. 그래서 아이에게 집중하지 못한다. 모유 수유도 기피하고, 아이가 아닌 자기 자신에게 더 큰 관심을 보낸다. 아이는 엄마의 관심과 사랑이 필요하다. 거울 앞에서 오랜 시간을 보내는 엄마를 기다리는 것은 아이에게 너무 힘들다.

엄마는 아이의 신호에 민감하고 적절하게 대응해주고, 끊임없는 애정과 관심도 보여주어야 한다. 이러한 과정에서 엄마와 아이의 안정적인 애착이 형성된다. 그런데 엄마가 자기중심적인 시각에 머물면 아이와 신뢰 있는 관계를 맺을 수 없다. 애착 형성에도 실패한다.

또 여성들이 임신을 하고 엄마가 되면서 많이 경험하는 정신적 질환이 있다. 바로 우울증이다. 그동안 자폐아동을 둔 어머님을 수없이 만났다. 겉으로 보기에도 우울증이 심해 보이는 분들이 많았다. 간혹 굉장히 밝고 유쾌한 분들도 있기는 했다. 하지만 겉보기에는 우울증과 담을 쌓은 것 같아도 막상 이야기를 해보면 달랐다.

"저도 우울증이 심했어요."

"갑자기 이유 없이 우울해져서 힘들었어요."

임신을 한 여성은 다양한 호르몬 변화를 겪는다. 그 호르몬의 변화로 우울증이 찾아오기도 한다. 날씬하고 예쁜 여성일수록 더 우울해한다. 임신 전에는 날씬하고 예뻤다. 길에 나가면 쉽게 사람들의 관심을 받았다. 그런데 임신을 하고 나니 살이 찌고 몸도 붓는다.

'나도 이제 어쩔 수 없이 아줌마구나'라는 생각에 더 우울하다.

앞서 자폐아동의 엄마는 키도 훤칠하고 예쁘다는 공통점을 언급한 바 있다. 아마도 날씬하고 예쁜 엄마들의 심리적 스트레스가 아이의 양육에 부정적인 영향을 미친 것이 아닐까? 엄마의 스트레스는 아이의 정서를 불안하게 하고 위축시킨다. 자폐성향을 유발하는 것은 물론, 아이의 뇌 발달과 건강한 신체 발육에도 큰 걸림돌이 된다.

정신분석가인 브루노 베텔하임은 자폐증의 원인이 양육자인 어머니의 무관심에 있다고 주장하면서 '냉장고 엄마'라는 용어를 만들어냈다. 1960년대 후반 자폐증이 선천성 뇌장애라는 주장이 등장했다. 하지만 자폐아동과 어머니와의 관계에 대한 연구는 지금도 꾸준히 이루어지고 있다. 존스홉킨스 의학대학원의 로마 바사는 우울증, 조울증과 같은 감정 장애를 겪는 여성일수록 자녀의 자폐증 발생률이 높다고 지적했다.

아이의 첫 번째 사람인 엄마와의 격리와 분리, 엄마의 스트레스와 우울증은 아이가 안정적인 애착을 형성하지 못하게 한다. 사람에 대한 기본적인 신뢰가 없어지는 것, 이것이 자폐증의 원인이다.

사람 접촉과 사물 접촉

크게 사람과의 접촉, 다양한 감각적 경험이 가능한 사물과의 접촉, 이 두 가지 접촉이 결핍되었을 때 자폐증이 나타난다. 템플 그랜딘 역시 다양한 접촉을 경험하지 못한 아이의 뇌는 "감정과 다정함을 관장하는 회로가 위축될 가능성"이 있다고 주장한다.

많이 안아주면 손 탄다?

어떻게 이런 말이 생겼을까? 이런 말을 하는 이들은 "아이는 많이 안아줄수록 계속 안아달라고 한다"고 말한다. 즉, 이렇게 손이 타면 엄마가 힘드니까 자주 안아주지 말라는 뜻이다. 엄마가 필요한 아이가 자기를 안아달라고, 관심 가져달라고 우는 건 당연한 거다. 아이를 안아주지 않으면 아이는 혼자 잘 자랄까? 절대 그렇지 않다. 혼자 잘 놀더라도 그게 과연 좋은 것일까? 그렇지도 않다.

아이는 안아줘야 한다. 한 번 안아주고, 두 번 안아주고, 더 많이 안아줘야 한다. 그런 아이를 손이 탄다는 이유로 자주 안아주지 말라니, 이런 말을 누가 만들었을까? 화가 난다.

더 황당한 건 이런 말을 믿고 정말 그렇게 하는 사람들이 많다는 것이다. 아이는 엄마가 필요해서 운다. 그런데 그것을 알지 못하고 우는 아이를 방치하거나, 안아주는 대신 다른 것으로 달래려고 한다. 먹을 것이나 장난감을 준다. 바운서에 태우기도 하고 TV를 보여주기도 한다. 그러면서 아이에게는 따뜻하고 친근한 엄마와의 신체 접촉이 부족해진다.

아기와 엄마의 가장 친밀한 스킨십은 바로 아기가 엄마 젖을 먹는 순간이다. 엄마와 몸을 포개고, 젖꼭지를 입에 물고, 엄마의 냄새를 맡는다. 엄마의 목소리를 듣고 엄마의 살결을 느끼며 편안해진다. 하지만 요즘은 모유 수유를 하는 엄마들이 많지 않다. 아기에게 분유를 먹이다 보니 엄마와의 가장 친밀한 스킨십이 없어진다.

발달심리학자인 애슐리 몬터규도 아이에게 사람과의 접촉이 꼭 필요하다고 주장했다. 그에 따르면 유아기의 스킨십은 사람과 세상에 대한 신뢰감을 형성하는 역할을 한다. 인간은 다른 사람에게 안길 때, 자신이 필요한 존재임을 확인할 수 있기 때문이다.

《애무, 만지지 않으면 사랑이 아니다》의 저자 야마구치 하지메 역시 어미 원숭이로부터 격리 사육된 원숭이가 사회성 이상, 면역 시스템 장애, 강박적 행동 증가, 뇌파 이상 같은 증상을 보인다고 지적했다. 이는 사람과의 접촉이 부족한 자폐아동의 증상과도 일치한다.

사람과의 접촉을 방해하는 육아용품과 장난감

육아는 힘들다. 그래서 엄마들은 조금이라도 편해지고 싶다. 조금이라도 더 쉽고, 덜 힘들기를 원해서 돈을 쓴다. 유모차를 사고, 바운서를 산다. 아이가 기어 다니기 시작하면 보행기를 태운다. 빨리 서라고 쏘서(saucer)나 점퍼루 같은 용품을 사주고 거기에 아이를 앉힌다. 아이에게는 알게 모르게 엄마에게 안기고 엄마와 스킨십하는 상황이 줄어든다. 엄마는 아이에게 엄마 아닌 다른 것에 관심을 가지라고 하기 때문이다. 장난감을 쥐여주며 이게 좋은 거라고 가르친다. 아이가 장난감을 가지고 놀면 잘한다고, 똑똑하다고 칭찬을 한다.

그렇게 아이는 사람의 눈을 맞추고 살을 맞대며 상호작용할 기회를 잃는다. 다른 사람들이 무슨 행동을 하고 어떤 말들을 하는지 보고 듣는 경험이 부족해진다. 이러한 촉각 자극의 결핍은 자폐 행동으로 이어질 수 있다. 자폐아동의 어머님과 이야기를 나누다보면 이런 익숙한 대화가 이어진다.

“아이는 집에서 주로 뭐 하고 노나요?”

“블록 가지고 놀고, 자동차, 기차 같은 장난감을 가지고 놀죠. 어렸을 때는 보행기를 많이 태웠어요.”

“집에 장난감이 많나요?”

“네.”

“몇 개 정도 있나요?”

“셀 수 없어요. 수백 개는 될 거예요.”

당연히 엄마는 아이에게 더 좋은 것을 해주고 싶다. 기업은 그런 엄마의 마음을 상업적으로 이용한다. 비싸도 이런 좋은 기능이 있다고 홍보·광고하는 제품을 보면 엄마의 마음은 움직일 수밖에 없다.

하지만 이런 육아용품이 과연 그 기업의 주장처럼 아이에게 도움을 줄까? 아니다. 오히려 주변 사람들과의 접촉을 줄인다.

우리는 왜 아이에게 장난감을 사줄까? 아이와 좀 더 다양하게 소통하기 위함이다. 그렇지만 요즘 엄마들에게 아이의 장난감은 '아이가 혼자 놀게 하기 위한 수단'이다. 장난감이 많으면 많을수록 혼자 놀기에 적합한 환경이 된다. 혼자 놀다 보니 자연스럽게 사람과의 접촉이 부족해지고, 자폐성향이 심해진다.

다양한 감각적 접촉이 결핍된 과잉 육아

"결혼하고 7년 만에 겨우 가진 아들이에요."

"저희 아이가 3대 독자라 다치기라도 하면 시부모님께 매우 혼나요."

"땅에 내려놓으면 깨질까 안절부절못하며 키웠어요."

5살인데 아직도 입에 젖병을 물고 있는 아이도 있고, 6살인데 아직도 기저귀를 차는 아이도 있다. 이 아이들은 자폐성향 때문에 각 시기에 맞는 발달과업을 해내지 못하는 걸까?

출산과 동시에 엄마는 굉장히 예민해지고 불안해진다. 새로운 생명을 지키고 길러야 하기 때문이다. 아이가 넘어질까 다칠까 아플까 같은 걱정이 많아진다.

그렇지만 아이는 부딪히고 넘어지면서 감각신경이 발달하고, 자기 신체를 좀 더 정확하게 인식하는 법을 배운다. 위험 상황에 대비하는 능력을 예비적으로 갖춘다. 그렇지만 아이를 졸졸 따라다니면서 넘어지지 않도록 과잉보호하는 부모의 육아가 이를 방해한다. 건강한 아이들은 수시로 넘어지고 자빠지고 구른다. 스스로 건강한 발달을 이루기 위한 것이다.

더럽다면서 사물을 만지지도 입에 넣지도 못 하게 하는 부모가 많다. 생후 12월까지는 충분히 입으로 사물을 탐색해야 편식도 없고, 언어발달에 필요한 조음기관도 훈련시킬 수 있다. 손으로 사물을 탐색하는 것은 원활한 뇌 발달을 위해 필요하다. 이 과정이 결여되면 촉각방어가 생기며, 감각통합발달 과정에 문제가 생길 수 있다.

청결을 지나치게 중요시하는 것의 문제도 생각해봐야 한다. 무조건 깨끗한 것이 아이의 면역력을 향상시킬까? 독일의 소아과 의사 에리카 폰 무티우스는 농장의 먼지를 많이 접한 아이일수록 천식과 알레르기에 덜 걸린다고 보고했다. 유럽의 한 숲 유치원에서는 아이들이 숲에서 뒹굴며 옷(외투)에 흙이 묻어도 빨지 않은 채 일주일 정도 입는다고 한다. 건강한 아이의 옷은 쉽게 더러워지고 헤진다. 그만큼 많이 움직이며 접촉하고 활동하기 때문이다.

아이를 양육하다 보면 수많은 통제와 제재의 언어를 사용하게 된다. "안 돼", "하지 마", "만지지 마", "건들지 마", "다쳐", "깨져", "위험해."와 같은 말들이다.

아이는 물건 뒤집기, 엎기, 꺼내기, 여닫기, 빼기, 아래로 쏟기 같은 활동을 통해 세상을 탐구하고 경험한다. 그러면서 인지능력이 향상되고 공감각능력도 발달한다. 그러므로 충분히 뒤집고 엎고 열고 빼는 등의 탐색 활동을 해야 한다. 그런데 부모가 통제와 제재를 많이 할수록 아이들은 새로운 것에 대한 탐색 활동을 하려는 의욕을 잃는다.

아이가 무조건 아프지 않게 해줘야 한다고 생각하는 부모도 있다. 아이들은 아프면서 성장한다. 아프고 나면 감각신경이 더욱 발달하고, 면역력이 높아진다. 인지능력이나 감정조절능력도 급격하게 발달한다. 그러나 부모는 아이가 아프면 안쓰럽기도 한데다, 칭얼대고 보채는 아이를 달래는 것도 힘들다. 혹시나 아이가 잘못될까 싶어 사소한 문제가 있어도 응급실과 병원을 찾아간다. 의사는 아이들에게 강한 항생제가 있는 약을 처방한다.

"우리 아이 대근육·소근육 발달이 부족한데 어떻게 해야 하나요?"

자폐아동의 부모가 자주 묻는 질문이다. 이 대소근육 발달의 문제도 과잉보호된 양육 환경 때문일 수 있다. 아이가 먹고 싶은 과자가 있으면 껍질을 까 주고, 음료수병은 뚜껑을 대신 열어 준다. 빨대도 부모가 까 주고, 흘릴까 봐 음식도 다 떠먹여 준다. 이런 상황에서 아이는 언제 손을 사용할 수 있을까? 기어 다녀야 할 때 안아주고, 일어서다 넘어질까 봐 보행기를 태우고, 조금 힘들어하면 업어 주고, 다칠까 봐 뛰는 것도 못하게 하면 어떻게 근육이 발달할까?

이런 부모의 양육 태도와 환경으로 인해 아이는 다양한 감각적 경험을 해볼 기회를 잃는다. 피부로 느끼고 분별함으로써 자기 스스로 신체를 조절하는 능력을 키울 기회를 가지지 못한다. 이러한 것들이 접촉에 과민하거나 둔감한 자폐성향을 유발한다. 신체조절능력이 부족하고, 감각통합이 어려운 자폐성향을 가지는 것이다.

M.A.D.와 평면적인 시각 자극

사회가 점점 도시화되고 산업화되고 있다. 아이들은 자연스럽게 M.A.D.(Machine, Automatic, Digital)와 평면적인 시각 자극에 노출되었다.

Machine(기계)

지금 하는 일을 잠깐 멈춰보라. 그리고 주변에서 들리는 소리에 귀를 기울여보라. 우리는 하던 일을 멈추었지만 주변에는 계속 움직이고 있는 것들이 참 많다. 째깍째깍 시곗바늘이 움직이고, 천장이나 벽에서는 환풍기가 작동하며, 냉장고는 '윙' 소리를 내며 냉각기를 돌린다.

12살인 현도는 자폐증이다. "요이요이"라는 이상한 소리를 반복적으로 낸다. 손을 빙글빙글 돌리는 상동 행동을 하기도 한다. 왜 이러한 행동을 할까 궁금했다. 어머님과 이야기를 하면서 현도가 어떻게 자라왔는지 이야기를 들어봤다.

현도는 어렸을 때 세탁기 앞에 한참 동안 앉아있을 때가 많았다고 한다. 세탁기가 빙글빙글 움직이는 모습을 많이 보았다는 현도는, 지금도 주변에 환풍기가 있으면 한참동안 쳐다본다. 선풍기를 껐다 켰다 하는 것도 좋아한다. 그렇게 오랜 시간 동안 돌아가는 세탁기, 환풍기, 선풍기 등을 쳐다보면서 입으로는 기계가 돌아가는 소리를 따라하고, 손으로는 기계가 돌아가는 모습을 재연하게 되었다.

기계를 보고 영향을 받아서인지 말도 기계처럼, 로봇처럼 한다. 억양도 부자연스럽다. 로봇이 말하는 것처럼 억양이 단조롭고 딱딱 끊긴다. 행동도 딱딱 끊어진다. 가만히 있다가도 목을 확 꺾는 등 특이한 행동을 한다.

현도처럼 기계에 관심을 보이는 자폐아동은 매우 많다. 수업 시간에 그림을 그리라고 하면 선풍기나 환풍기를 그리고, 신호등을 수십 번 그리는 아이도 있었다. 주변을 돌아보면 기계들이 참 많다. 이것도 기계였나 인식을 못 할 정도로 삶과 밀접한 기계들도 많다. 우리가 인지하지 못하는 사이에 아이들은 이러한 기계에 과다하게 노출되었다. 아이들도 기계를 보며 어느새 기계처럼 변했다.

Automatic(자동)

아파트에서 사는가? 하루에도 몇 번씩 엘리베이터를 이용할 것이다. 쇼핑을 많이 하는가? 에스컬레이터를 자주 탈 것이다.

창밖을 보면 나와 상관없는 자동차들이 끊임없이 지나가고 있다. 자폐아동 중에는 창밖을 자꾸 쳐다보는 아이가 많다. 창밖에서 움직이는 자동차를 보는 것을 좋아한다. 또한 자동차를 좋아하고, 자동차 번호를 계속 중얼거린다. 지하철 타는 것을 좋아하기도 한다.

엘리베이터, 에스컬레이터, 자동차, 지하철, 자동문 같은 것들은 자동으로 움직이면서 아이의 시선을 사로잡는다. 사람이 조작하지 않아도 알아서 움직이는 것에 아이는 몰입된다.

지금은 대부분의 사람들이 대수롭지 않게 차를 타고, 엘리베이터와 에스컬레이터 등을 이용한다. 하지만 이러한 것들이 세상에 처음 등장했을 때는 굉장한 혁신이었고, 사람들에게 신기한 경험이었다. 아이에게도 마찬가지다. 커다란 것이 움직이고 계속 이동한다. 위아래 또는 좌우 일직선으로 이동한다. 아이는 이러한 움직임을 넋을 놓고 바라본다. 이렇게 자동으로 움직이는 것들이 우리 주변에 너무도 많다.

자폐아동인 지혁이는 눈을 옆으로 흘기는 행동을 자주 한다. 손을 옆으로 왔다 갔다 움직이기도 하고, 물건을 일직선으로 나열하기도 한다. 물건을 오른쪽 왼쪽으로 이동시키고, 장난감 자동차를 굴릴 때에는 누워서 바퀴가 돌아가는 것을 본다. 지혁이는 자동차와 기차를 매우 좋아한다. 집에서도 늘 장난감, 그중에서도 기차 장난감을 종일 가지고 논다. 집 밖에 나가면 지나가는 차를 구경하느라 사람들이 불러도 반응을 하지 않는다.

지혁이는 끊임없이 일직선으로 이동하고 자동으로 움직이는 자동차와 기차를 보는 것에 익숙해졌다. 그래서 기차나 자동차가 없는 상황에서는 신체의 일부를 사용하여 비슷한 자극을 다시 만들어낸다. 눈을 흘기고, 손을 옆으로 왔다 갔다 움직인다. 그렇게 하면 자동차가 지나가는 것을 보는 듯한 기분이 나는 것이다.

아이들은 받아들인 자극을 고스란히 내보낸다. 어떤 자극을 받아들여서 뇌에 저장했느냐에 따라 그 자극을 고스란히 언어와 행동으로 표현한다. 자동으로 움직이는 자동차, 기차, 엘리베이터, 에스컬레이터에 노출된 아이는 다양한 자극을 받아들이는 데 어려움을 겪는다. 자기 손으로 직접 사물을 조작하고 몸을 움직여서 자극을 능동적으로 받아들이는 대신, 저절로 움직이는 자극에 익숙해진다. 아이의 생각과 행동은 점점 더 수동적이 되고, 행동과 언어가 자동화된 기계처럼 변한다.

"음~ 츠크츠크 음~ 츠크" 하며 기차가 움직이는 소리를 내는 아이, "윙~ 위잉~" 하며 자동차가 이동하는 소리를 내는 아이도 있다. 반복적으로 에스컬레이터를 타려고 해서 부모가 진땀을 빼는 경우도 있었다. 에스컬레이터와 비슷하다고 생각되는 계단을 계속 오르락내리락하는 아이도 있었다. 단순 반복 행동이다. 또 엘리베이터에 집착해서 계속 타려고 하고, 엘리베이터를 타지 않을 때는 두 손을 펼쳐서 모았다 벌리며 엘리베이터 문이 열리고 닫히는 모습을 만들기도 한다. 손바닥을 펼친 채 두 손을 모았다 벌렸다하는 행동, 이런 행동이 반복되면 습관이 되고 상동 행동으로 고착된다.

Digital(디지털)

식당에 가면 아이를 데리고 밥을 먹는 가족을 흔히 볼 수 있다. 그와 동시에 아이 손에 들린 스마트폰도 자주 보인다. 아이의 부모는 밥을 편히 먹으려다 보니 아이의 손에 스마트폰을 건네준다. 아이는 주변에서 어떤 일이 벌어지든 무관심하게 스마트폰에만 몰두한다.

하루는 가족들과 삼계탕을 먹으러 갔다. 옆 테이블에 젊은 부부와 여자아이 둘이 앉아있었다. 큰 아이는 내 딸과 나이가 비슷해 보였고, 작은 아이는 더 어린 듯했다. 두 아이는 각각 스마트폰을 쥐고 있었다. 딸아이가 큰 아이에게 관심을 보이며 다가가자 반기기는커녕 오히려 얼굴을 찡그리며 경계했다.

스마트폰을 뺏기기 싫어서였을까? 아니면 또래 친구보다는 스마트폰이 훨씬 더 좋아서였을까? 아이의 부모는 밥을 먹으면서 둘만의 대화를 이어가기 바빴고, 아이들은 30분가량의 식사 시간 내내 스마트폰에만 열중했다.

이런 풍경은 어디서나 쉽게 볼 수 있다. 부모가 달랠 때는 말을 안 듣던 아이들도 "만화 보여줄게"라고 하면 바로 집중한다. 아이가 울면 〈뽀로로〉를 보여주며 달래라고 조언하는 이들도 있다. 그러나 이러한 자극이 우리 아이들의 발달에는 과연 어떠한 영향을 미칠까?

발달장애나 자폐증이라는 진단을 받은 아이들의 부모와 상담을 하면 많은 경우 이렇게 말한다.

"애니메이션이나 텔레비전을 많이 보여줬어요."

"아이 아빠가 아이패드를 사줘서 계속 그걸 가지고 놀게 했어요."

"오디오로 음악을 하루에 6시간 이상 틀어 줬어요."

"학습용 비디오 보면서 말을 따라 하길래 많이 보게 했어요."

"밥을 잘 안 먹는데, 스마트폰을 보여주면 밥을 먹길래 식사 시간마다 틀어줬어요."

많은 부모가 어릴 때부터 TV나 스마트폰을 보여준 것이 아이에게 문제를 만든 것 같다고 후회한다.

누구에게나 육아는 힘들다. 쉽고 편한 방법을 찾다 보니 아이들에게는 너무나 자극적인, 그래서 넋을 놓고 빠져들 수밖에 없는 TV와 스마트폰을 선택하게 된다. TV를 괜히 바보상자라고 말하겠는가? 전에는 TV를 집에서만 볼 수 있었다. 이제는 스마트폰이 대중화되어 어디서든 원하는 영상을 볼 수 있다. 아이가 울면 스마트폰을 보여주고, 밥을 안 먹으면 만화를 틀어주고, 심심해하면 손에 쥐여준다. 그렇게 한두 번 보다 보면 아이는 점차 스마트폰에 익숙해진다. 같이 놀 장난감이나 친구들이 주변에 있어도 스마트폰을 보려고 한다.

스마트폰과 TV는 시각과 청각을 자극한다. 더군다나 매우 강하게 자극한다. 계속 화면을 눈으로 보고 소리를 귀로 듣는다. 손으로 만지거나 몸을 움직여서 조작하는 활동이 아니다. 앉거나 누워서 가만히 보기만 하면 된다.

형형색색 알록달록 자극적이고 빠른 영상이 아이의 눈을 사로잡는다. '15초의 마술'이라고 불리는 광고는 짧은 시간 동안 많은 영상을 후다닥 보여준다. 아이가 아니라 어른이 보더라도 빠져들 수밖에 없다. 또 듣기 좋은 음악 소리, 긴장을 유도하고 집중하게 하는 갖가지 음향이 우리를 귀 기울이게 한다. 이러한 시청각 매체에 아이가 많이 노출되면 어떻게 될까?

집중력이 짧아지고 산만해진다. 자극적인 영상에 익숙해져 더 많은 시각적 자극을 보려고 한다. 이러한 욕구를 충족시키려다 보니 시선을 한 곳에 오래 머물러있게 하지 못한다. TV에 나오는 영상이 빠르게 움직이는 것처럼 아이의 눈도 분주하고 산만하게 움직인다. 이 곳저곳을 의미 없이 보게 된다.

TV와 스마트폰을 수시로 보던 5살 여자아이가 있었다. 아이의 시선은 한 곳에 1초 이상 머물지 못했다. 여기저기로 계속 눈이 돌아갔다. 당연히 다른 사람들과의 눈 맞춤도 잘 안 되었고, 점토 놀이를 하거나 물감 활동을 해도 자기 손으로 직접 하는 것이 서툴렀다. 즉 눈 따로, 손 따로였다. 눈으로 보면서 하지 않으니 할 수 있는 작업 활동은 매우 기초적인 수준에 머물렀다.

과도한 TV와 스마트폰 시청은 대인관계에도 문제를 일으킨다. 움직이는 로봇이나 만화 캐릭터가 화려한 모습으로 여기저기 날아다니는 것을 보는 내내 아이는 사람과 상호작용할 시간을 잃는다. 자극적인 TV를 보다 보니 사람들은 재미가 없다고 느낀다. 있던 관심마저 사라진다. 혼자 TV를 보거나 스마트폰을 가지고 노는 게 익숙해진다. 쉽고 빠른 TV가 더 좋을 수밖에 없다. 그러면서 자연스럽게 타인과의 관계는 귀찮아진다. 지루하다든가, 이해하거나 생각해야 할 것들이 많다보니 싫은 것이다. 당연한 결과다.

이 외에도 스마트폰과 같은 디지털 기기에 과다하게 노출되면 시공간을 인지하는 능력이 저하되고, 전두엽 발달에도 문제가 생긴다. 또한 사고력과 창의력이 부족해지며, 언어발달이 지연되고, 의사소통 기술도 갖출 수 없게 된다. 미국의 신경학 전문의 로버트 머릴로는 지나친 TV 시청이 좌우뇌를 불균형하게 발달시켜 자폐증을 초래할 수 있다고 지적한다. 이처럼 TV나 스마트폰 등에 과잉 노출되는 것의 위험성을 이미 많은 전문가들이 인정하고 있다.

　주변에 기계가 있는지, TV가 켜져있는지도 의식하지 못하던 부모로서는 M.A.D.가 아이에게 치명적인 문제를 일으킨다는 것을 이해하기 어려울 것이다. 그래서 어떤 것이 자폐증을 유발하는지 쉽게 알지 못한다. 하지만 자폐아동을 잘 관찰하면 알 수 있다. 자폐아동이 힌트를 주고 있다.

　대개 아동이 내는 소리를 들으면 어떤 소리를 듣고 선택적으로 반응하고 있는지 알 수 있다. 내가 만났던 수많은 자폐아동이 혼자 상황에 맞지 않는 말이나 소리를 냈다. 매일 하루에도 수십 번씩 반복해서 소리를 내곤 했다. 자폐아동이 보였던 소리의 특징은 다음과 같다.

"음~"	기계 작동하는 소리
"요이요이요이요이~"	세탁기 돌아가는 소리
"우~ 츠크츠크, 우~ 츠크츠크"	지하철 지나가는 소리
"두루미, 펠리컨, 티라노사우루스, 판다"	동물 이름 외우기
"이번 열차는 당고개, 당고개행 열차입니다. 내리실 문은...""	지하철역 방송
"문이 열립니다. 문이 닫힙니다"	엘리베이터 안내 방송

　자폐아동은 혼자 이런 소리를 반복한다. 모두 M.A.D.를 통해서 들은 소리다. 사람과 상호작용을 하면서 사람의 말소리에 집중했다면, 위와 같은 소리가 들려도 잠깐 관심을 갖다가 말았을 것이다.

그러면 위와 같은 소리가 아닌 사람의 말소리, 즉 건강한 언어를 사용하게 되었을 것이다. 보통의 아이들이 언어를 습득하듯이 말이다. 이렇게 현대 사회가 기계화·자동화되면서 아이들에게 많은 문제를 일으켰다. 아이들도 기계화·자동화되어 단순 반복 행동과 상동 행동을 하게 되었다.

M.A.D.를 가급적 없애야 한다. 아이가 주로 생활하는 공간에는 M.A.D.가 없어야 한다. 'MAD', 영어로 '미친'이라는 뜻이다. 아이를 자꾸 M.A.D.에 노출시키는 것은 정말 미친 짓이다. 지금 이 시각에도 이런 위험한 일들이 벌어지고 있다. 건강하게 태어난 아이를 자폐 아동으로 만들고, 언어장애와 발달장애를 유발한다. 더 이상 해서는 안 될 짓이다. 이 미친 일들을 하루빨리 중지해야 한다.

평면적인 시각 자극

현대화가 되면서 시각적으로 자극적인 것이 주변에 참 많아졌다. 현란한 네온사인, TV, 전광판, 화려한 그림책 등이 그렇다. 부모는 아이에게 많은 걸 보여주고 싶다. 그래서 책도 보여주고, 같이 놀아 줄 수 없을 때는 스마트폰과 TV도 보여준다. 아이는 화려하고 빠른 시각 매체들을 보면서 자연스럽게 평면적인 시각 자극을 받아들인다.

채호는 밥을 잘 먹지 않았다. 그나마 TV를 보여주면 밥을 잘 받아먹었기에 부모님은 어쩔 수 없이 채호에게 식사 시간마다 TV를 보여 줬다고 했다. "아이가 밥을 안 먹으면 안 되잖아요. 그래서 보여 줬어요"라고 부모님은 변명했다. 하지만 그로 인해 아이가 갖게 된 문제는 치명적이었다. 사람과의 눈 맞춤은 당연히 잘 안 됐고, 자기 신체마저 인식하지 못했다. 눈앞에 낮은 봉이 가로질러 있는데도 그걸 지나가지 못했다. 몸을 숙이면 몸이 낮아지고 그럼 봉을 통과할 수 있다는 그 간단한 경험도 채호에게는 익숙치 않았던 것이다.

하루는 동물의 얼굴 모양이 입체적으로 표현된 모형으로 수업을 했다. 아이들에게 동물 모양으로 관심을 유도해서 손으로 모형을 벽에 붙였다 떼었다 하도록 하는 게 목적이었다. 채호는 교실에 들어오자마자 뭔가에 심하게 놀란 것처럼 소리를 지르며 울기 시작했다. 왜 그랬을까? 무엇이 채호를 그렇게 불안하게 만들었을까?

TV 속의 이미지는 평면적이다. 책의 그림도 평면적이다. 숫자와 글자 모두 평면적인 시각 자극이다. 채호는 이렇게 평면적인 시각 자극에 익숙했으며, 동물의 모습도 평면적인 그림으로만 접했다. 그런데 교실에서 자기가 봤던 동물의 모습과 달리 입체적이고 튀어나온 동물을 보니 충격을 받았던 것이다.

희수는 그림책을 많이 봤다. 그래서 주로 주변에 있는 그림이나 이미지에 관심이 많다. 하지만 사람과의 눈 맞춤은 잘 안 됐다. 나뭇가지를 줘도 말꼬리나 두루미라며 그림책으로 봤던 동물의 모습을 상상한다. 하루는 자폐아동들과 비치볼 여러 개로 수업을 했다. 수박 모양의 비치볼을 발로 차고 손으로 던지는 활동이었다. 교실에 들어간 희수는 평소처럼 무관심하게 교실을 서성거렸다. 수박 모양의 비치볼도 흘끗 바라보았다.

수업이 시작되자 선생님들은 비치볼을 발로 차는 시범을 보여주었다. 아이들의 흥미를 유도하기 위해 힘차게 '뻥' 차기도 했다. 갑자기 희수가 소리를 꽥꽥 지르며 울기 시작했다. 공에 맞아서였을까? 아니다. 공에 맞지 않았다. 선생님들 모르게 친구가 때려서였을까? 그것도 아니었다.

그제까지 늘 평면적인 그림으로만 봤던 수박이 갑자기 공중을 날아서 자기에게 다가왔기 때문이다. 너무도 낯선 광경에 희수는 울음을 그치지 못했다. 다음 날 수업 시간에도 수박처럼 생긴 공을 보며 계속 울었다. 공을 몸에 가까이 대면 더 심하게 울었다. 그러나 서서히 적응을 시킨 결과 약 3일이 지나자 스스로 공을 만질 수 있을 만큼 개선되었다.

그러나 평면적인 시각 자극에 대한 희수의 관심은 쉽게 사라지지 않았다. 하루는 희수가 친구에게 다가가길래, '웬일이지?' 하며 지켜봤다. 그러나 희수는 친구 옷에 있는 말 모양의 상표를 가리키면서 "얼룩말이네" 하고 말했다. 그런데 희수는 상표에 대해서만 언급한 뒤 정작 친구에게는 눈길 한 번 주지 않고 자리를 옮겼다.

희수에게는 시각 자극만을 탐색하는 것이 익숙한 것이다. 그래서 손과 발, 다리 등 신체의 다양한 부위를 사용하지 않고, 주위에서 평면적 시각 자극만 찾으려고 한다. 독특한 무늬나 색깔을 보는 것을 좋아한다. 숫자와 글자에 관심을 보이고, 주변에 있는 표지판이나 광고지를 보는 것을 좋아한다.

부적절한 조기교육으로 인해 숫자나 글자에 집착하게 된 경우도 있다. 부모가 아이에게 책을 많이 읽게 하고, 너무 일찍부터 글자와 숫자를 가르쳐줬기 때문이다.

예인이는 동물원에 놀러갔다. 눈앞에 거대하고 기이한 기린 여러 마리가 있었다. 함께 있는 사람들은 기린을 보며 웅성웅성 감탄하고 신기해했다. "저기 기린 봐봐"라고 말하면서 손가락으로 기린을 가리켰다. 하지만 예원이는 진짜 기린 대신 기린에 대한 설명이 쓰인 팻말의 기린 그림만을 바라보았다.

희수는 "펠리컨, 티라노사우루스, 두루미" 이런 동물 이름을 혼자서 중얼거린다. 화를 내거나 짜증을 낼 때도 동물 이름을 중얼거리다 울음을 터트린다. 교실에 들어가도 친구들과 선생님들이 아닌 동물 모형에 가장 먼저 관심을 보인다. 교실 한편에서 친구들이 수영 튜브

로 시끌벅적 놀고 있을 때도 희수는 혼자서 동물 모형을 보거나 구석에서 혼잣말을 한다. 한 20분쯤 지나자 희수는 그제야 수영 튜브를 본 것처럼 달려가 신나게 놀았다. 하지만 처음부터 수십 개의 수영 튜브가 있었다. 그런데 왜 희수에게는 보이지 않았을까?

한번은 희수와 동굴에 갔다. 뜨거운 한여름에 시원한 동굴에 갔던 경험이 희수에게는 인상적이었던 것 같다. 내가 물었다.

"동굴에서 뭐가 제일 재미있었어?"

"빛의 공간이요."

반짝반짝한 빛이 쏟아지는 구역이 있기는 했다. 그런데 아이의 대답치고는 어쩐지 부자연스러워서 곰곰이 생각해보니, 그 구역 앞에 쓰여있는 글자가 '빛의 공간'이었다. 자신이 본 것을 묘사하기보다는 문구를 통째로 외워서 대답하는 것이 희수에게는 익숙했다.

이렇게 평면적인 시각 자극에 익숙해진 아이는 점점 사람과의 소통을 줄인다. 자기 자신이 누구인지, 나는 무엇을 하고 있는지, 누구와 어떤 놀이를 하고 싶은지 생각하지 않는다. 눈으로 보이는 평면적인 시각 자극에 빠져들수록 점점 자기만의 시간이 많아진다. 결국 자폐성향을 갖게 된다.

3가지 원인으로 생긴 결과

아이에게 사람이 결핍되고, 사람과의 접촉이나 다양한 사물과의 감각적 접촉이 부족해졌다. 그러면서 기계와 스마트폰 등에 과잉 노출되었다. 결과적으로 아이는 자폐증이 되었다. 이 사회가 아이를 사람들 품에서 사람답게 자라지 못하게 했기 때문이다. 기계와 미디어 속에 아이들을 가두었다. 아이는 사람이 아닌 기계와 로봇 같은 모습으로 변화했다. 일본의 한 자폐증 작가는 자기 자신을 '고장 난 로봇' 같다고 표현한 바 있다.

이러한 결과로 몇 가지 특징이 생겼다. 사람에 대한 관심이 사라지고, 특정한 사물 등에 집착하게 된 것이다. 감각신경에 이상이 생기고, 뇌가 불균형하게 발달하면서 자폐증이 나타났다.

사람에게 관심이 없다

이렇듯 자폐아동의 가장 대표적인 특징은 사람에게 관심이 없다는 것이다. 간혹 필요한 것을 요구할 때는 주변 사람들에게 가서 의사표현을 하기도 한다. 하지만 주로 혼자서 지내는 게 익숙하다.

광장에 많은 사람이 있다고 가정하자. 그중 내가 짝사랑하는 사람이 있다. 내가 짝사랑하는 이의 주변에 후광이 비치는 것을 본 듯한 느낌을 누구나 경험해 봤을 것이다. 주변에 다른 사람이나 사물 들은 희미하게 보이고, 그 사람만 선명하고 크고 빛나 보인다.

자폐아동에게도 이러한 부분이다. 그런데 그 사랑하는 대상이 보통 사람들과는 좀 다르다. 주변에 있는 사람은 뿌옇게 인식되지만 자폐아동이 집착하는 기계, 숫자, 글자, 그림 등은 매우 선명하게 인식된다. 어쩌면 3D나 4D로 보일지도 모른다. 그래서 다른 사람들의 시선이 머무는 곳보다는 자신이 집착하는 대상을 계속 응시한다.

사람에 대한 인식이 부족하기 때문에 사람을 친숙하지 않은 '낯선 대상'으로 여긴다. 그래서 사람이 있는 곳에서 멀어지려고 하고, 사람과의 접촉을 싫어한다. 한 공간에 일반 아동들과 자폐아동이 섞여 있을 때, 그 둘을 구분하기가 매우 쉽다. 일반 아동들은 놀이를 하며 자연스럽게 삼삼오오 모인다. 다른 사람이 무엇을 하는지 궁금해하며 다가가기도 하고, 관심 있는 대상이 있으면 같이 바라보기도 한다. 자폐아동들은 각자 사방으로 흩어진다. 다른 사람에게 관심이 없고, 먼저 다가가지도 않는다. 주변 아이들이 신나고 재미있게 놀고 있어도, 자신이 하고 싶은 것에만 빠져 있는 경우가 많다.

자폐아동은 사람들 사이에서 벌어지는 일에 관심이 없다. 옆에 있는 사람이 왜 우는지, 친구들이 무슨 놀이를 하는지 궁금해하지 않는다. 자기 자신에게 익숙한 특정 사물이나 반복적인 행위에 더 관심이 많다. 그러므로 사회적으로 적절한 행동을 습득하지도 못하고, 왜 그러한 행동을 해야 하는지마저 이해하지 못한다.

사람과 사람으로서 타인과 나 자신을 구별하며 인식하는 과정이 자아 발달이다. 자폐아동은 이러한 자아 발달 과정에서 문제가 있다. 타인과의 다양한 상호작용이 부족하기 때문에 타인의 것과 구별되는 내 생각, 내가 하고 싶은 것에 대한 이해가 부족하다. 다른 사람과 내가 뭐가 다른지, 다른 사람은 어떤 감정과 생각을 가지고 있는지를 이해하기 어렵다. 자아는 어떻게 형성될까? 타인과의 끊임없는 상호작용을 통해서 이루어진다. 그래서 자폐아동은 자아 발달이 어렵다.

특정한 것에 집착한다

자폐아동들은 수업 때 집중을 못 하고 멍하게 있을 때가 많다. 무슨 생각을 하는 걸까? 무엇을 보고 있는 걸까?

앞서 이야기한 것처럼 자폐아동은 특정한 기계나 사물에 과도한 관심을 보인다. 환기를 위해 작동시킨 환풍기를 보는 아이, 시계의 숫자를 보는 아이, 창밖을 지나가는 자동차 소리를 듣는 아이, 천장의 형광등을 보는 아이, 자기 손을 쳐다보는 아이, 책만 보려고 하는 아이, 그림을 그리라고 해도 글자와 숫자만 쓰는 아이가 있다.

특정 사물을 손에 계속 쥐고 있는 자폐아동도 있다. 손에 가루나 부스러기를 쥐고 있는 아이, 물병을 계속 들고 다니는 아이, 특정 동물이나 공룡 모형을 온종일 들고 있는 아이, 손수건을 꼭 들고 다니는 아이, 빨대를 계속 들고서 빙빙 돌리는 아이도 있다.

감각 발달에 이상이 생긴다

건강한 아이는 자기 몸을 가만히 두지 않는다. 오르락내리락, 뛰었다 굴렀다, 흔들었다 꺾었다 한다. 쉽게 말해서 잘 까분다. 발달에 필요한 건강한 활동을 스스로 해내고 있는 것이다.

자폐아동 중에는 정적인 행동 혹은 반복적인 상동 행동을 하는 경우가 많다. 이미 경험한 일부 감각만을 계속 추구하고, 다양한 감각 발달의 행위를 스스로 하지 않는 것이다. 그래서 낯선 접촉을 거부하고, 새로운 것에 흥미를 보이거나 탐색하려고 하지 않는다.

모기에 물려봐야 따끔하고 간지러운 감각을 안다. 부딪쳐 봐야 접촉의 느낌을 안다. 신체의 각 부위를 터치해봐야 허벅지와 팔꿈치와 목의 느낌이 다른 것을 안다. 무거운 물건을 들어봐야 무거움과 가벼움을 안다. 물건을 떨어트려 봐야 중력에 의해 물건이 위에서 아래로 떨어지는 것을 안다. 다쳐서 아파봐야 다른 사람이 아픈 것에 공감할 수 있다. 또한 더 위험한 상황에서 자신의 몸을 보호하는 예비 훈련을 할 수 있다.

감각 발달이 적절한 시기에 이루어지지 않으면, 나중에 이상한 문제 행동을 일으키게 된다. 예를 들면 하루 종일 그네만 타려고 한다거나, 계속 빙글빙글 돌거나, 손과 팔을 털며 팔짝팔짝 뛴다.

여기 사과가 있다. 시각과 청각 위주로 사물을 탐색하는 아동은 사과를 보고 받아들이는 정보가 매우 제한적이다. 눈으로 보면서 사과의 '동그란 모양'과 '색'을 탐색한다. 평면적 시각 정보다. 그리고 엄마가 "이건 사과야"라고 말해줬을 때의 청각적 기억을 통해 '사과'라는 말을 생각하고 입으로 표현하기도 한다. 즉, 시각과 청각에 의한 단조로운 정보를 받아들인다.

반대로 다양한 감각적 경험을 한 아이들은 사과를 보면 어떤 생각을 떠올릴까? 어떠한 감각적 정보를 수집할까? 눈으로 색깔과 모양을 보는 건 기본이다. 눈을 통해 질감을 예상하고 '매끈할 것 같은데?' 하며 손으로 만진다. 손으로 들어보고는 그 무게감을 안다. '동그라니깐 공처럼 굴러가겠지?' 하며 사과를 굴려보기도 한다. 물건을 위에서 아래로 떨어트린 경험이 있으므로 탁자 아래로 떨어트린다. 사과를 꽉 잡았더니 즙이 나왔던 기억대로 사과를 손으로 긁어서 즙을 내본다. 이러한 과정을 통해서 감각을 통합한다.

그러나 자폐아동의 뇌는 감각을 적절히 통합하고 조절하기가 어렵다. 일부 자폐아동들에게 감각통합치료를 하는 이유가 바로 이 때문인 것이다.

뇌의 불균형한 발달

자폐 스펙트럼 장애의 가장 큰 특징은 다양한 자극을 균형 있게 받아들이지 못한다는 것이다. 자기가 익숙하고 좋아하는 영역의 자극만 계속 받아들이기 때문에 뇌가 불균형하게 발달한다.

시각적 자극을 추구하는 아이는 사물을 보면 색깔과 모양만 탐색하면서, 시각적으로 자극적인 것을 찾는다. 책, 그림, 카드, 숫자, 글자라든가 반짝거리는 전광판을 좋아한다. 돌아가는 환풍기나 선풍기를 멍하게 쳐다본다. 이런 자극적인 시각 자극이 없으면 자기 신체를 사용해서 비슷한 자극을 만든다. 계속 비슷한 자극원만을 받아들이는 것이다.

앞서 일부 자폐성 장애인에게 보이는 서번트 증후군에 대해 잠깐 이야기했다. 서번트 증후군이란 뇌 기능 장애가 있으나 음악, 미술, 암산, 퍼즐 등 특정 분야에서 우수한 능력을 보이는 증세다. 유아기에는 이러한 서번트 증후군이 잘 발견되지 않는다. 적어도 초등학령기 이상이 되어야 서번트 증후군 증세가 있는지 파악할 수 있다.

서번트 증후군은 자폐 범주에 속하는 고기능 자폐라든가 아스퍼거 장애와도 조금 다르다. 고기능 자폐는 말 그대로 지능이나 언어 수준이 조금 더 높은 경우다. 이들은 언어로 의사소통할 수 있고, 인지적 결함도 크지 않다. 그렇지만 고기능 자폐인 중에 서번트 증후군을 갖고 있지 않은 경우도 많다. 자폐인 중에 서번트 증후군이 있으면 좋고, 없으면 나쁜 것은 아니다. 오히려 서번트 증후군으로 뛰어난 능력이 있더라도 의사소통기술의 큰 결함이 있을 수도 있다.

서번트 증후군은 뇌가 불균형하게 발달한 결과다. 시각적 혹은 청각적으로만 자극을 받아들인다. 다른 감각의 스위치는 모두 끈 채 하나의 감각만 켜있다고 상상하면 된다. 시각의 스위치를 켠 상태에서 자기가 관심 있는 것들만 제한적으로 받아들인다. 마치 카메라로 사진을 찍어서 머리에 저장하는 것과 같다. 이렇게 암기된 것들은 한 치의 오차도 없이 정밀한 그림, 문자, 숫자 등으로 표현된다. 청각의 스위치가 켜진다면 녹음기처럼 소리를 기억하는 것이 가능하다. 좋아하는 소리를 통째로 뇌에 저장한다. 이렇게 저장된 것을 노래나 악

기 연주로 표현한다.

이때 생각과 감정, 느낌의 스위치는 모두 꺼진 상태다. 그래서 정보를 받아들일 때 방어적이지 않은 것이다. 그러니까 이것저것 따지지 않고 '관심 있는 정보'라면 무조건 받아들이는 것이다. 우리가 학창시절 시험공부를 할 때, 걱정, 불안, 두려움 등을 모두 차단할 수 있었다면 공부를 매우 잘했을 것이다. 공부하라는 엄마의 잔소리에 마음이 상해서 집중이 안 되고, 짝사랑하는 이성의 모습이 자꾸 생각나 공부의 흐름이 끊긴다. 이러한 잡생각 없이 교과서를 읽고 그 내용을 이해하는 데 몰입할 수 있다면 우리 모두 성적 걱정은 하지 않았으리라.

이처럼 서번트 증후군은 일부 감각의 입력 가능 능력을 최대치로 끌어올리기 위해서 다른 감각들을 모두 차단하는 것이다. 물론 자폐인들이 이러한 감각을 의도적으로 차단하는 것은 아니다. 감각 발달이 불균형하게 이루어지기 때문에 자연스럽게 다른 감각을 작동시키

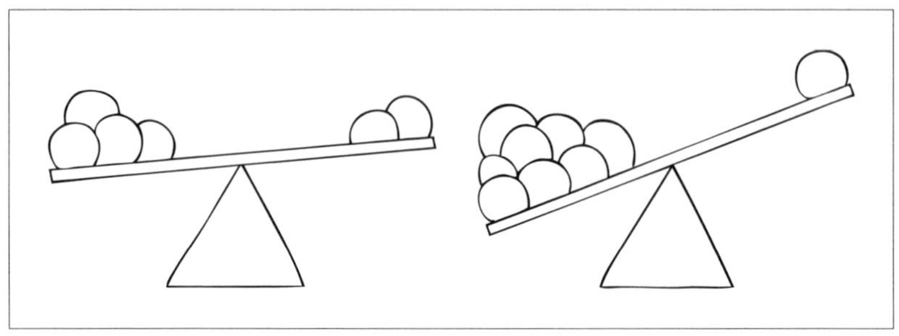

지 않고 차단하는 것이다.

　서번트 증후군 증세가 있어서가 아니더라도 대부분의 자폐성 장애인은 뇌가 불균형한 경우가 많다. 이것은 지능이 낮거나 높은 것과는 전혀 관계가 없다. 일부 감각만 사용하여 자극을 받아들이는 감각 불균형이 심할수록 자폐성향이 심하다고 볼 수 있다.

CHAPTER 6

자폐증의 특징

신체 부위별 특징

머리/얼굴

- 뇌의 발달이 불균형하다.

- 자극을 불균형하게 받아들인다.

- 머리 크기가 평균 이상 혹은 평균 이하다.

- 표정이 다양하지 않다.

- 상대방의 얼굴을 잘 인식하지 못한다.

- 얼굴을 이상하게 반복적으로 찌푸린다.

- 머리를 벽에 박는다.

눈

- 낯선 사람과 눈을 마주치지 않는다.

- 눈 맞춤이 짧다.

- 시선 이동이 빈번하다. 한 곳에 시선이 오랫동안 머물지 못한다.

- 숫자, 글자, 평면적인 시각 이미지를 좋아한다.

- 반짝거리는 것을 좋아한다.

- 낯선 곳에 적응하기를 거부하며 눈을 감는다.

- 눈을 옆으로 흘긴다.

- 눈을 깜빡거린다.

입

- 언어발달이 늦다.

- 반향어를 사용한다.

- 입술을 잘 움직이지 않아 입술이 늘 튼다.

- 편식이 심하다. 음식을 잘 씹지 않는다.

- 울음이 짧다. 혹은 한번 울면 잘 그치지 못한다.

- 입으로 들숨, 날숨을 쉬는 것이 원활하지 않다.

- 코를 막으면 입으로 숨 쉬는 것을 어려워한다.

- 이를 간다. 딱딱 부딪힌다.

- 입을 반복적으로 삐죽거린다.

- 구강 자극을 추구하기에 아무거나 입에 집어넣는다.

귀

- 불러도 반응하지 않는다.

- 낯선 소리가 들리면 귀를 막는다.

- 다른 아이가 우는 소리를 싫어하고, 우는 아이에게 공격적인 행동
  을 한다.

- 반복적으로 물건을 두드리며 그 소리를 듣는다.

- 특정한 소리에 심한 거부감과 두려움을 보인다.

- 기계 소리에 반응한다.

코

- 강한 냄새가 나도 반응하지 않는다.

- 습관적이고 반복적으로 냄새를 맡으려고 한다.

- 코로 들숨, 날숨을 쉬는 것이 원활하지 않다.

팔/손/손가락

- 넘어지면 팔로 자기 몸을 잘 지탱하지 못한다.

- 물건을 당기는 힘이 약하다.

- 팔을 퍼덕거리기를 반복한다.

- 손을 털거나 박수를 친다.

- 손바닥을 흔들며 바라본다.

- 손가락으로 특정한 모양을 만들며 바라본다.

- 손으로 신체 일부를 계속 두드린다. 자해를 한다.

- 손끝을 누르면 과민 또는 과소하게 반응한다.

- 엄지손가락을 치켜세우거나 V자를 만드는 것과 같은 손가락 모방을 못한다.

몸/배꼽

- 몸을 위아래 또는 앞뒤로 반복해서 흔든다.

• 아픈 곳을 정확하게 가리키지 못한다.

• 감각신경이 둔하다.

• 자신의 신체 일부를 반복하여 두드린다.

• 행동 모방에 서툴다.

• 신체 인식 능력이 부족하다.

• 비활동적이거나 지나치게 활동적이다.

• 배에 힘을 주지 못한다.

• 무게 중심을 잡지 못한다.

• 배꼽 주변의 자극에 자지러진다.

다리/발

• 까치발로 걷는다.

• 두 발을 모아 팔딱팔딱 뛴다.

• 근력이 부족하다.

• 다리가 자주 후들거린다.

• 무릎을 꿇고 들썩거리는 반복 행동을 한다.

• 공중에 다리가 뜨면 굉장히 불안해한다(중력 불안).

• 다리를 구부려 몸을 숙이는 활동(터널 통과)을 싫어한다.

• 가던 길로만 가려고 한다.

• 높은 곳에만 올라가려고 한다.

성기

- 성기를 반복적으로 만지거나 비빈다.
- 36개월이 지났는데 대소변을 가리지 못한다.

감정/기타

- 다른 사람의 감정에 공감하지 못한다.
- 감정 조절이 미숙하다. 심하게 울고 떼쓰거나 타인을 공격한다.
- 감정과 느낌을 언어로 잘 표현하지 못한다.
- 집중력이 짧고 산만하며 부주의하다.

뇌로 들어간 모든 감각은 연합되고 통합됨으로써 표정, 언어, 행동을 재창조한다. 이렇게 제한된 신체적 특징들이 관찰된다면 자폐아동일 수 있다. 그러나 단순히 신체 발달의 지연에 의한 증상일 수도 있다. 그렇기 때문에 보다 정확하게 진단을 하려면 전문가의 상담을 받아야 한다.

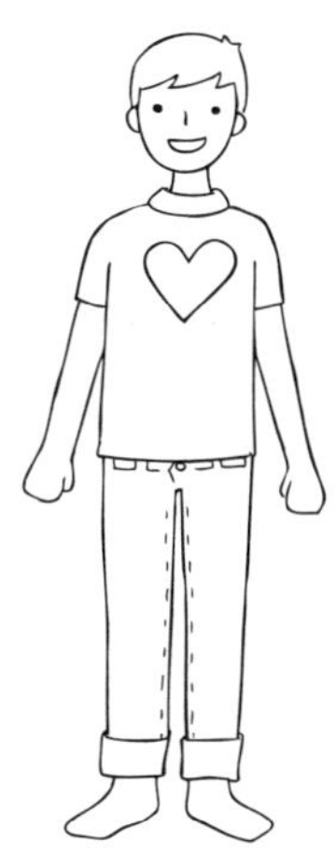

행동별 특징

상동 행동, 단순 반복 행동, 집착 행동

아이는 매일 새로운 것을 습득한다. 건강한 발달을 위해서는 계속 새로운 것을 탐색하고 경험해야 한다. 하지만 자폐아동은 새로운 것보다는 자기에게 익숙한 것을 반복해서 말하거나 행동하는 경향이 있다. 물론 건강한 아이들도 새롭게 경험한 것을 완전히 자기 것으로 만드는 숙련 과정에서 한 가지 행동을 반복하기도 한다. 그렇지만 이는 자폐아동의 행동과는 많이 다르다.

예를 들면 블록이 있다. 일반적인 아이라면 블록을 위로 쌓기도 하고 옆으로 늘어놓기도 할 것이다. 집을 지어서 엄마아빠와 밥을 먹는다고 상상을 하고 이야기를 만들어낸다. 그렇지만 자폐아동의 놀이는 단순하고 반복적이다. 이를테면 블록을 옆으로 쭉 나열한다. 자기 얼굴도 옆으로 뉘인 채 블록을 왔다 갔다 움직인다. 또는 블록을 색깔별로 분류하고 나열한다.

한 자폐아동은 종이가 있으면 찢기만 한다. 종이는 접을 수도 있고 자를 수도 있다. 구겨서 공을 만들어 던질 수도 있다. 하지만 자폐아동은 다양한 방법으로 종이를 경험하는 대신 찢는 행동만을 반복한다.

동아는 물건 돌리는 것을 좋아한다. 공만 보면 계속 굴린다. 옆에 친구들이 무엇을 하고 놀든지 관심이 없고, 혼자 공 굴리기에 몰입한다. 바퀴가 있으면 아예 몸을 옆으로 돌려 자세를 잡고 바퀴가 굴러가는 것을 본다. 색칠하라고 준 색연필도 양손에 들고 돌리기 바쁘다. 색칠은 관심이 없다. 굴릴 만한 물건이 없을 때는 혼자서 빙글빙글 한참을 돈다. 다른 활동으로 관심을 유도해도 조금 하다가 이내 흥미를 잃고, 또 빙글빙글 돌거나 물건을 돌리는 행동을 반복한다.

승호는 문을 좋아한다. 문고리를 잡고 열었다 닫기를 반복한다. 문이 열려 있으면 어느새 와서 쾅하고 닫는다. 또 엘리베이터 앞에서 떠날 줄을 모른다. 계속 문이 열리고 닫히는 것을 보고 있다. 교실에서 수업을 해도 활동에는 관심이 없고, 두 손을 양쪽으로 벌렸다 붙이기를 반복한다. 엘리베이터의 문이 열리고 닫히는 모습을 손으로 재연하는 것이다.

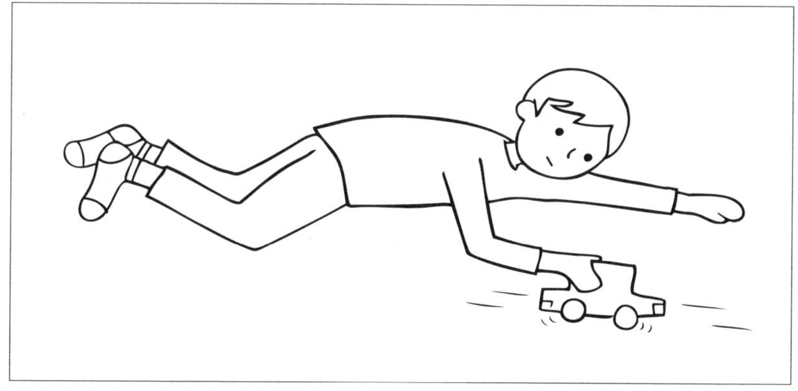

혁이는 박수를 반복해서 친다. 좋아하는 노래를 흥얼거리면서 박수를 친다. 몸을 이리저리 왔다 갔다 반복해서 움직이기도 한다. 윤서도 숨을 헐떡일 때까지 박수를 친다. 평소에 괜찮던 눈이 박수를 칠 때면 사시처럼 초점을 잃는다.

이러한 행동이 자폐성향에 의한 반복 행동이나 상동 행동에 해당한다. 일정한 패턴의 행동을 끝없이 반복한다. 다양한 사물이 주어져도 제한된 방법으로만 탐색하고 활동한다.

반복 행동은 이외에도 다양한 형태로 나타난다. 예를 들면 계단을 오르고 내린다거나, 스위치를 껐다 킨다거나, 박수를 친다거나, 동그란 물건을 보면 무조건 뱅글뱅글 돌린다거나, 의자에 앉아 왔다 갔다 앞뒤로 크게 흔든다거나, 손을 털거나 흔든다거나, 방안에서 앞뒤로 혹은 원을 그리며 뛰거나 움직인다.

자기 자극 행동

자기 자극 행동이란 자폐아동이 자신이 관심을 가지고 있는 제한된 활동을 신체의 일부를 사용하여 재생산하는 것이다.

세상에 태어난 아이는 많은 것을 보고 탐색하고 배운다. 뇌는 다양한 정보를 처리하고 자기 것으로 만들면서 그 기능을 확대시킨다. 쉽게 말하자면 아이의 머리에는 생각주머니가 있다. 다양한 것들을 많이 담을수록 생각주머니는 점점 커진다. 다양한 것들을 보고, 만지고, 생각하며 계속 생각주머니를 채워야 한다. 그런데 자폐아동은 일부 제한된 것들만 받아들인다. 또 사람들과의 상호작용에 의한 것이 아닌 혼자만의 집착에 의한 것을 받아들인다.

규민이는 기다란 물건만 있으면 자동차나 기차처럼 일직선으로 놓고 왔다 갔다 움직인다. 교실에 선생님이 쓰던 볼펜이 보이면 들고 기차처럼 움직인다. 아무것도 없을 때는 손가락을 모아 일자로 만들어서 눈앞에서 움직인다. 눈을 옆으로 흘기기도 한다. 규민이처럼 눈을 흘겨보면 자동차나 기차가 지나갈 때처럼 사물이 빠르게 지나가는 것처럼 보인다. 새로운 자극을 받아들이지 못하고 익숙한 자극만 제한적으로 만드는 것이다.

중국에서 치료를 받으러 한국에 온 정훈이라는 아이가 있다. 정훈이네 집 앞에는 기찻길이 있다고 한다. 할머니와 주로 집안에서 보내는 시간이 많다 보니, 자연스럽게 집 앞에 기차가 지나가는 것을 보게 됐다. 정훈이는 손에 쥘 수 있는 것은 무엇이든 일자로 움직인다.

벽이 있으면 벽지의 선을 따라서 움직이고, 아무 무늬가 없을 때는 손을 일직선으로 왔다 갔다 움직인다. 눈을 옆으로 흘기고 고개를 왔다 갔다 하는 행동을 반복한다. 기차가 지나가는 것을 반복적으로 보다 보니 그 자극에 익숙해진 것이다. 그래서 다른 새로운 것이 있어도 지나가는 기차와 유사한 자극을 손이나 눈을 이용해 만들어낸다.

이처럼 관심 있는 자극과 유사한 자극원을 자기 신체를 이용해 만들어내는 것이 자기 자극 행동이다.

여기 두 종류의 컵이 있다. 크기와 모양이 같은 컵이 다섯 개, 크기와 모양이 각기 다른 컵이 다섯 개가 있다. 크기와 모양이 같은 컵 다섯 개를 쭉 쌓은 것과, 다른 컵 다섯 개를 쌓은 것 중 어느 것의 크기가 더 크겠는가? 당연히 크기와 모양이 다른 컵을 쌓은 것이 더 크다.

마찬가지로 다양한 자극을 골고루 활발하게 받아들일 때 생각주머니가 커지고, 뇌도 원활하게 발달된다. 그렇지만 자폐아동은 제한된 영역의 자극에만 관심을 두고 같은 행위만을 반복한다. 그래서 뇌의 전 영역이 불균형하게 발달한다.

일부 자폐아동은 자해 행동을 한다. 수영이는 양손 주먹으로 계속 얼굴을 때린다. 그래서 얼굴에 항상 피멍이 들어있는데 상처가 너무 심한 날도 있다. 어떻게 된 일이냐고 어머님께 여쭤보면 자다가 일어나서 혼자서 얼굴을 때렸다고 한다. 이렇게 얼굴을 때리는 행동 말고도, 무릎을 꿇은 채 들썩들썩 몸을 움직이는 행동을 반복하기도 한다.

광희는 주먹으로 자기 턱을 친다. 손가락으로 물건을 탁탁 치기도 한다. 손가락 끝을 보면 굳은살이 가득하다. 얼마나 물건을 치고 다녔기에 6살짜리 아이 손에 굳은살이 생겼을까? 영주도 입으로 손을 무는 행동을 한다. 하도 깨물어서 손 여기저기 멍 자국이 가득하고, 굳은살도 많이 생겼다.

위의 아이들은 자기 신체 일부에 손상을 입히면서도 같은 행동을 반복적으로 했다. 정확히 어떤 원인에 의해 이러한 자해 행동을 하는지는 알 수 없다. 몇 가지 추측할 수 있는 원인은 이렇다. 자기 자신을 때리면서 느껴지는 일부 진동 감각을 좋아하게 됐을 수 있다. 또는 감정 조절이 미숙하여 우연히 자기 자신을 때렸는데, 과하게 반응하는 주변 사람들로 인해서 이 행동이 강화되었을 수도 있다. 이런 자해 행동은 자폐성 상동 행동으로도 해석할 수 있다.

촉각방어

　자폐아동은 어릴 때부터 안기기를 싫어하는 것으로 알려졌다. 생후 6개월의 아이가 부모가 안자 몸을 휘며 빠져나오려 했다고도 한다. 다가가서 안으면 바로 거부를 하고, 잠깐은 가만히 있지만 3초 정도가 지나면 슬슬 몸을 빼고 도망가는 아이도 있다. 자기가 원할 때는 스스로 와서 안기지만 다른 사람이 먼저 안으려고 하면 싫어하기도 한다. 이런 특성 때문에 자폐아동들은 사람과의 접촉이 부족할 수밖에 없다. 아이 스스로 사람들에게 안기려 하지 않고, 다른 사람이 안아 주려고 해도 거부한다.

　아이의 발달에 있어서 접촉은 매우 중요하다. 접촉이 없으면 정상적인 발달이 불가능하다. 자폐아동은 사람이나 사물과의 접촉을 거부함으로써 발달상의 문제가 더욱 가속화된다.

　자폐아동에게 이러한 촉각방어는 매우 빈번하게 나타난다. 먼저 사람들과의 접촉을 거부한다. 자기가 좋아하고 익숙한 엄마에게는 다가가 안기거나 뽀뽀를 한다. 하지만 엄마가 낯선 신체 접촉을 하려고 하면 거부한다. 평소에는 앞에서 마주 보고 안던 엄마가 등 뒤에서 안으려고 하면 싫어한다. 처음 잠깐은 괜찮더라도 조금 오래 있기라도 하면 울고불고 소리를 지른다. 손도 오래 잡으려 하지 않는다. 간지럼을 태우면 반응이 없거나 매우 싫어하고 불편해한다.

　촉각적으로 낯선 것에도 거부감을 보인다. 그래서 새로운 것을 손으로 잡고 탐색하는 노력이 현저하게 부족하고, 활동 내용이 제한적이다. 물론 어떤 촉감각을 거부하는지는 아이들마다 다르다. 이를 테

면 낯선 사물과의 접촉을 거부하는 아이가 있다. 안경, 장갑, 턱받이 등 몸에 걸치는 것들을 거부한다. 손에 물감이나 모래가 묻는 것을 싫어한다. 씻는 것도 싫어한다. 입던 옷만 입으려고 한다. 낯선 음식은 먹지 않으려고 해서 편식이 심하다.

제한된 영역의 자극만 받아들이는 것과 일맥상통하는 부분이다. 또한 자폐아동은 신체적 접촉이 없는 시각이나 청각 자극만을 불균형하게 받아들이는 경우가 많다. 주로 시각, 청각에 의한 자극을 익숙하게 받아들였기 때문에 물리적 접촉을 낯설어하고 거부한다.

언어적 특징

아이들이 앵두 같은 입술로 종알종알 말하는 것을 보면 정말 신기하다. 아이 키우는 게 힘들지만 아이들의 말소리를 들으면 그 스트레스가 싹 가신다. 없던 힘도 생긴다. 아이 입에서 불쑥 신기한 말이 나오면 한참을 웃는다. 그때처럼 행복한 순간이 없다. 이렇게 엄마는 아이가 말하는 순간을 애타게 기다리는데, 아이가 말이 늦으면 걱정이 많아진다.

부모와 함께 치료기관에 방문하는 아이 중 자폐증이 의심돼서 왔다는 경우는 생각보다 많지 않다. 단순히 말이 늦어서 상담을 받으러 왔다는 부모가 훨씬 많다.

언어는 의사소통을 위한 수단이다. 아이는 태어나서부터 엄마의 목소리를 듣고, 그 말의 의미를 하나씩 깨닫는다. 아이도 엄마 목소리를 따라하기 위해 옹알이를 한다. 자기 목소리를 듣고 흥미가 생기면 더 소리를 낸다. 아기가 내는 소리에 엄마가 반응해주면 좋아서 더 소리를 내고, 엄마처럼 말하기 위해 엄마의 목소리를 더 집중해서 듣는다. 엄마가 하는 말의 뜻을 알고자 한다.

그런데 자폐아동은 사람에게 관심이 없고, 의사소통이 원활하지 않다. 그렇다 보니 언어발달에 문제가 생긴다. 자폐아동에게 관찰되는 언어적 특징은 매우 다양하다.

말 한마디 안 하는 아이도 있고, 혼잣말을 줄줄 끊임없이 하는 아이도 있다. 온종일 먹을 때 말고는 입을 꾹 다물고 있지만, 말을 시키면 긴 구조의 문장을 빠르고 명확하게 외우는 아이도 있다. 말은 전혀 못 하지만, 노래를 수십 곡 외워 부르는 아이도 있다. 가사를 다 외우거나 정확한 음정으로 음을 흥얼거리며 노래를 부른다.

의사소통의 문제

자폐아동 중에는 고집이 센 아이가 많다. 좋게 말해서 고집이 센 것이지, 다르게 말하면 타인과의 의사소통이 원활하지 않은 것이다. 사람에게 관심이 없기 때문에 의사소통에 어려움이 있는 것은 어찌 보면 당연하다.

자폐아동은 자기가 익숙하고 편한 대로 하고자 한다. 원하는 것을 얻으려고 고집을 부린다. "오늘은 마트가 문을 닫아서 아이스크림 못 사줘"라고 설명해도 마트 앞에 드러눕고 계속 고집을 피운다. "그럼 엄마한테 뽀뽀 한번 해주세요"라고 달래도 아이는 엄마의 의도를 전혀 파악하려 하지 않는다. 계속 울고 떼를 쓴다.

일반적으로 아이의 자아가 발달하면서 자기주장이 강해지고 말을 잘 안 듣는 시기가 있다. 하지만 자폐아동은 그 정도가 좀 다르다. 타협이나 절충이 잘 안 된다. 상대방의 말을 이해하려 하지 않고, 주변 상황이 어떤지 파악하지 못한다. '마트가 오늘은 왜 문을 안 여는지' 이해하기 어려운 것이다. 그래서 자폐아동을 키우는 부모는 아이가 원하는 대로 들어줄 때가 많다.

반향어

TV, 스마트폰, 책에서 보고 들었던 말을 그대로 외워서 따라 하기도 한다. 말은 하는데 목소리 톤이 얇고 높아서 듣기에 어색하다. 억양이 어색해서 사투리처럼 느껴지기도 한다. 감정을 담은 언어로 들리는 것이 아니라 로봇이 하는 말처럼 딱딱하고 기계적으로 들린다. 자폐성 장애아동은 모르는 것에 대해 질문을 받으면 생각을 하는 것이 아니라 들은 말을 그대로 따라해서 말하기도 한다.

교사: 준형아, '네' 해야지.
아동: '네' 해야지.
교사: 이름이 뭐예요?
아동: 이름이 뭐예요?

교사: 물 줄까?
아동: 물 줄까?
교사: 이게 뭐지?
아동: 뭐지?

이런 언어를 반향어라고 한다. 건강한 아이는 의미를 모르는 이야기를 들으면 무슨 뜻일까 생각한다. 아이는 엄마를 좋아하고, 엄마의 관심을 받고 싶다. 그래서 엄마의 의도를 알아차리기 위해 엄마의 행동과 말소리에 집중한다. 자폐아동은 사람에게 관심이 없고, 말의 의미를 알아차리고 싶어하지도 않는다. 그래서 들어도 반응이 없고, 반응을 보이더라도 깊이 있게 생각하는 것이 아니라 들은 내용은 대충 따라하는 데 그친다.

또 자폐아동 중에는 자기에게 필요한 말은 하지만 다른 사람과의 대화는 하지 않는 경우도 있다. 같은 말을 계속 반복하는 경우도 있다. 예를 들면 아이가 활동을 하기 싫어하며 "하기 싫어요"라고 말을 한다. 기다리면 관심이 생기겠다는 생각이 들어서 별다른 대꾸를 하지 않았다. 그러나 아이는 "하기 싫어요"란 말을 10번은 넘게 반복했다.

일반적인 아이들은 요구 사항이 있을 때 다른 사람이 반응을 보이지 않으면 "이거 하기 싫어요. 다른 거 할래요. 선생님 저 보세요. 이거 재미없어요"라고 다양한 말로 자기 의사를 표현한다. 그렇지만 자폐아동은 한 가지 상황을 한 가지 말로만 표현한다. '이 상황에는 이 말!' 이렇게 공식을 암기한 것처럼 말이다.

1부터 몇백까지 숫자를 세는 아이, 각종 동물과 공룡의 이름을 외우는 아이, 만화영화의 내용을 중얼거리는 아이, 비슷한 상황에 처하면 책에서 본 이야기를 떠올리는 아이, 호흡이 짧아서 말을 할 때 한 글자씩 끊어서 발음하는 아이, 평소 말하는 소리는 얇고 작지만 관심을 받고 싶을 때는 엄청나고 크고 높은 괴성을 지르는 아이도 있다.

엄마들은 아이가 어느 정도 말을 하면 다 괜찮은 것으로 생각한다. 그러다 늦게 상담을 받으러 오는 경우가 많다. 자폐성향이 있는 아동 중에는 언어발달이 늦는 경우도 있지만, 그렇지 않은 경우도 있기 때문이다. 낱말 카드나 책을 통해서 본 말들을 곧잘 외우기도 한다.

만약 아이가 사과, 바나나, 호랑이, 사자, 토끼, 기린, 코끼리 등은 다 알고 말하는데, 자기의 감정이나 생각을 나타내는 말은 "좋아요", "싫어요" 정도에 머문다면 언어발달이 원활하지 않은 것이다. 말을 전혀 못하더라도 손가락이나 몸짓, 표정을 사용하여 다른 사람의 의도를 잘 파악한다면 비언어적 의사소통이 원활한 것이다. 그러나 자폐아동들은 말은 잘 따라하지만 따라하는 데 그칠 뿐 적절한 대답을 못한다. 그래서 의사소통을 하기가 어렵다.

언어적 사고 결여

교사: 이 친구 이름이 뭐지요?

아동: (친구를 잠깐 쳐다보고 1초 만에 대답한다) 승근이요.

교사: 그럼 여기 있는 이 친구 이름은 뭐에요?

아동: (또 친구를 잠깐 쳐다보고 1초 만에 대답한다) 은우요.

자폐증인 8살 기훈이는 현재 초등학교 도움반에서 수업을 듣는다. 기훈이가 말한 두 친구의 이름은 승근이도 은우도 아니었다. 그렇다면 기훈이는 거짓말을 한 것일까? 왜 아무 이름이나 말하면서 대충 둘러댔을까?

기훈이가 친구의 얼굴을 보고 누구인지 생각했다면, 이름을 떠올리려고 노력했다면 이름을 제대로 말했을 것이다. 하지만 기훈이는 생각하기를 귀찮아했다. 그래서 아무 이름이나 대답했다. 언어적으로 질문을 받는 상황이 싫었을 수 있다. 자폐아동은 타인에게 관심이 적기 때문에 타인과 말로 대화를 나누는 게 재미있지 않다. 그렇다 보니 질문을 하면 마치 잔소리를 듣는 것처럼 귀찮게 여긴다. 그래서 누가 질문을 해도 대충 듣고, 깊은 생각 없이 아무렇게나 대답한다.

얇고 높은, 날카로운 소리

초등학교 2학년인 서현이는 고기능 자폐성 장애아동이다. 서현이의 몸은 매우 가늘다. 손가락도 길고 턱도 뾰족하다. 남자아이치고는 목소리도 얇다. 억양도 부자연스럽고 딱딱해서 로봇이 말하는 것 같다. 사투리라고 보기도 어렵다. 지방에서 산 적도 없고, 부모님 모두 서울말을 쓰기 때문이다.

한때 〈개그콘서트〉에서 개그우먼 박지선이 돌고래처럼 높은 소리를 내는 것이 인기를 끌었다. 쉽게 따라할 수 없는 아주 높고 얇은, 귀를 찌르는 소리였다. 그런데 자폐아동 중에는 그 박지선보다 날카로운 소리를 내는 아이가 있다.

호윤이는 가만히 있다가 갑자기 소리를 꽥! 지른다. 주변에 있는 이들이 얼굴을 찌푸릴 정도로 귀가 따가운 소리다. 수업을 잘하다가도 특별한 계기 없이 갑자기 소리를 지른다. 다른 사람들이 제재하지만 재미있다는 듯 몇 번을 연속해서 소리를 지른다. 호윤이가 소리를 지르면 수업은 중단되고 사람들 모두의 시선이 호윤이에게 꽂힌다.

평소에 호윤이는 자기가 필요한 요구 사항을 말로 표현할 수 있다. 물론 제한적인 언어를 사용하고 조음상의 문제가 없는 것은 아니지만, 타인에게 전달될 정도의 언어 구사는 가능하다. 다만 평소에는 잘 들리지 않을 정도로 목소리가 작은데, 소리를 지를 때는 그 소리가 엄청 커진다.

자폐성향이 있는 아이들은 위의 아이들처럼 목소리가 얇고 톤이 높은 경우가 많다. 대체로 억양이 부자연스럽고 발음도 부정확하다.

조음·호흡상의 특징

태호는 키가 큰 5살짜리 남자아이다. 아직 단어 하나도 명확하게 말하지 못한다. 태호는 늘 입을 다물고 허밍하듯 "음, 음" 하고 소리를 낸다. 태호의 입을 벌리고 소리를 내도록 유도했지만 어색한지 거부했다.

미국인 아버지와 한국인 어머니 사이에서 태어난 존은 6살이다. 존은 '엄마'라는 말도 거의 하지 않는다. 울음소리도 여느 아이와 조금 다르다. 울 때 목구멍이 열려서 "아앙" 하고 탁 트인 소리가 나야 하는데, 존은 혀뿌리로 목구멍을 닫고 코 주변을 울리면서 우는 소리를 낸다. 목구멍이 열리도록 코를 잡는 '맹꽁이 놀이'를 하면 엄청 싫어한다. 보통 아이들은 "맹꽁!" 하며 코를 잡으면 입과 목을 열어서 숨을 쉬고 소리를 낸다. 그런데 존은 선생님이 코를 잡아도 입으로 숨을 쉬지 못하고 괴로워한다. 계속 코로만 숨을 쉬려고 코에서 "크르릉크크" 하는 소리를 낸다.

정수는 웃을 때 "커커커커" 하는 소리가 난다. 표정도 자연스럽고 잘 웃는데, 웃음소리가 조금 이상했다. 자세히 들어보니 숨을 들이마시면서 웃었다. 보통 소리를 낼 때, 숨을 들이마신 것을 조금씩 내뱉으면서 날숨을 통해 소리를 낸다. 정수의 경우 들숨으로 소리를 냈기 때문에 어쩐지 부자연스럽게 들리는 것이다.

혼잣말

자폐아동들 중에는 혼잣말을 하는 아이들이 꽤 많다. 말이 아닌 소리를 내기도 하는데, 주로 타인과 관계없이 혼자서 자기가 좋아하는 소리나 말을 반복한다. 특정한 상황에 부닥치면 자기가 아는 말을 통째로 외워서 재연한다. 자기가 할 말과 상대방이 할 말까지 혼자 다 답하기도 한다.

TV에서 본 것을 혼자 돌아다니면서 중얼거리는 아이, 책에서 봤던 내용을 상황에 안 맞게 말하는 아이, 다른 사람에게서 들었던 말을 벽을 보면서 반복하며 말하는 아이도 있다.

자폐아동들은 주로 혼자 놀기 때문에 혼잣말을 하는 것은 당연한 결과다. 언어를 타인과 의사소통하기 위한 수단으로 사용하지 않고 자신을 위한 자극원으로 사용하는 것이다.

CHAPTER 7.

뇌과학과 자폐

뇌과학에 주목!
7개의 문을 열어라!

자폐증의 발생 원인

자폐증의 발생 원인은 다음과 같다. 이들은 자폐증을 가중시키는 환경적 요인이기도 하니, 주의를 요한다.

① 유전자의 결함
② 뇌 기능상의 문제로 편도체의 저활성화와 기능적 연결성의 이상
③ 환경적 원인으로 20개월 이전에 TV나 스마트폰 시청, 카세트 청취, 조기교육, 책읽기, 문자학습, 과잉보호, 이중 양육자, 이중 언어 학습 등

유전자의 결함이 뉴런 간의 연결점인 시냅스를 약하게 하는 것 등에 관한 문제도 치료적 자극 프로그램으로 치료되는 경우가 많다. 따라서 유전자 결함이나, 선천성이라 하더라도 신경계의 문제는 효과적인 자극에 따라 충분히 변화될 수 있다.
뇌 기능상의 문제 또한 외부의 자극이 활동전위를 발생시키면 새로운 신경 네트워크가 만들어지기 때문에 기존의 '자폐증은 불치'라는 고정관념을 깰 수 있다. 그러니까 환경적 요인, 즉 자폐증을 가중시키는 대중매체와 양육 방법을 철저하게 배제하거나 바꾸어준다면 자폐증을 치료하는 길은 열린다.

당신은 자폐아동의 부모인가? 그렇다면 앞으로 나올 내용에 가장 관심이 많을 것이다. 어떻게 치료할 것인가? 어떻게 해야 아이가 더 좋아질 수 있을까? 이런 것들이 가장 궁금할 것이다.

중요한 것은 자폐아동과의 소통을 막는 문을 여는 것이다. 열리지 않는 이 문은 어떤 특성을 가지고 있을까? 그리고 이 문은 몇 개나 될까? 자폐아동에게는 일곱 개의 문이 있다. 물론 문 하나를 여는 것도 쉽지 않다.

첫 번째, 체성 감각의 문

자폐아동은 대부분 안기는 것을 거부한다. 사람들과 접촉하는 것도 싫어한다. '감각의 문'에 문제가 있기 때문이다.

감각의 문이란 몸 전체를 감싸고 있는 감각, 즉 체성 감각을 뜻한다. 자식을 사랑하는 어머니들의 모성애는 이 체성 감각의 문을 무의식적으로 발달시킨다. 아이를 안아주고, 뽀뽀해주고, 쓰다듬어주고, 만져주고, 업어주고, 흔들어주고, 목욕시키고, 기저귀를 갈면서 사랑을 통해 이 체성 감각의 문이 만들어진다. 아이는 사랑을 받아들이고 기뻐하고 또 감각자극을 느끼면서 어머니와 소통을 하고, 그러면서 어머니를 절대적으로 신뢰하게 된다.

일차적 체성 감각이 발달하지 않은 상태에서 초등학교에 입학할 때가 되면 전형적인 자폐성향이 굳어진다. 외부와 소통을 하지 못하고 혼자만의 행동 패턴에 갇혀 살게 된다. 앞으로 열거할 터치·허그 같은 자극 프로그램들은 모두 이 감각의 문을 여는 방법이다.

뇌과학자 코르비니안 브로드만은 대뇌의 영역을 모두 52개로 분류한 뒤 각각에 번호를 붙였다. 그리고 번호에 따른 특성을 설명하며 뇌를 이해하고 연구하도록 했다. 이 브로드만 영역에서 뇌의 정중

앙에 있으며 1, 2, 3번에 해당하는 것이 체성 감각 영역이다. 따라서 뇌 발달은 일차적으로 체성 감각의 발달에서 시작된다.

자폐증의 원인으로 추정되는 것 중 대표적인 것이 유전자적 결함이다. 하지만 유전자의 결함과 무관하게 뉴런이 건강하지 못하고 약화되어 있거나 휴지 상태로 있을 가능성도 크다. 그렇다면 뉴런에 효과적인 자극, 즉 활동전위를 일으킬 수 있는 역치적(threshold) 자극을 줌으로써 닫히거나 고장난 감각의 문을 열 수 있다. 여기에 자폐증 치료의 비밀이 있다.

시냅스(synapse)의 가소성과 '네 가지 R'

시냅스는 그리스어로 '연결부'나 '이음새'를 뜻한다. 뇌과학에서는 뉴런과 뉴런 사이의 접합부, 즉 뇌 내부에서 정보가 흐르거나 저장되는 주된 통로를 말한다. 우리 뇌에는 1천억 개의 뉴런이 있다. 그리고 각각의 뉴런에는 1만 개의 시냅스가 연결되어있다. 이러한 1천조 개의 달하는 시냅스의 연결(커넥톰[Connectome])은 인간의 유전자와 양육 환경, 경험의 영향을 받으면서 인간 삶의 초기에 형성된다. 그러나 뇌의 시스템은 대부분 마음을 먹기에 따라 잘 가꿀 수 있다. 말하자면 경험에 의해 변형되는 것이다. 시냅스도 변화의 메커니즘을 자연적으로 갖추고 있다.

두 번째, 운동 피질의 문

대뇌의 운동 피질은 감각 피질 바로 앞쪽에 있다. 브로드만 영역에서는 4번에 해당한다. 자극이 뇌의 감각 피질로 들어오면 그에 대한 반응을 운동 피질에서 처리한다. 감각자극에 따른 반응이 운동 피질에서 시작되어 몸 전체의 다양한 근육을 조절하는 기능으로 나타난다. 일차적으로는 얼굴을 통해 나타나고, 나아가 손과 몸 전체의 기능으로 표출된다. 그래서 표정과 동작, 그리고 행동이 만들어진다.

운동신경 세포는 신체의 모든 부분에 분포되어 있다. 이 모든 근육이 자극에 대해 적절한 동작이나 행동을 하려면 운동 피질의 문이 열려야 한다. 운동은 일차적 모방학습과 사회적 반응에 의해 발달된다. 하지만 첫 번째 감각 영역의 문이 열릴 때 비로소 두 번째 문도 열린다. 감각과 운동은 언제나 함께 있다.

세 번째, 감각 연합의 문

사람의 뇌는 감각의 문을 통과한 자극을 동물들처럼 바로 행동으로 표현하는 대신 좀 더 고차원적으로 받아들인다. 즉 감각을 연합하여 개념을 형성하고, 나아가 상징화하고 부호화한다. 부드러운 살결, 따뜻한 음성, 밝게 웃는 얼굴 등은 아기에게 곧 '엄마'로 상징된다.

그래서 아기는 '엄마'라는 말을 1,000번 넘게 사용하면서 이를 곧 '부드러운 살결, 따뜻한 음성, 밝게 웃는 대상'과 결합시킨다. 마찬가지로 '맘마'는 '입안의 촉감, 미각, 엄마, 배고픔의 해결'과, 울음은 '도와주세요, 누군가의 도움으로 문제 해결하기'와 결합시킨다.

이렇듯 감각과 운동반응은 시간이 지날수록 다른 감각과 연합하면서 감각에 대한 개념을 형성하고 표상을 만들어나간다. 일차 체성 감각은 시각·청각과 연합하여 개념을 형성하고, 아울러 상징과 의미도 형성하는 것이다.

자폐아동의 경우 감각의 연합이 잘 이루어지지 않는다. 하지만 운동신경을 발달시키고 협응력을 깨워준다면 감각 연합의 문도 열릴 수 있다. 그리고 이 문을 통과했을 때 자폐아동은 자신의 감정을 이해하고 스스로 언어를 만들 수 있다.

네 번째, 감정의 문

감각자극의 수용과 운동반응이 반복되는 가운데 변연계의 역할이 이루어진다. 외부 자극에 편도체가 반응함으로써 불쾌한 것과 유쾌한 것, 불안한 것과 즐거운 것 등을 느끼게 된다. '좋다'와 '싫다'를 느끼고, 왜 좋은 것인지 왜 싫은 것인지에 대한 정서가 발달하는 것이다.

자폐아동들은 두려움을 느끼는 편도체의 기능이 휴지 상태에 있는 듯하다. 그래서 상당수의 자폐아동들은 무서움을 느끼지 못한다. 감정의 문이 굳게 닫혀 열리지 않는 것이다.

다섯 번째, 언어의 문

자폐아동들은 말을 잘하지 못한다. 말을 해도 감정이 없는 로봇처럼 말을 한다. 그것은 감정의 문을 거치지 않고 언어를 배웠기 때문이다.

동작과 표정 그리고 제스처도 언어의 일종이자 자극의 반응으로서 나타나는 표현이다. 이러한 표현들은 서로 연합되어 이해되고, 감각성 언어 중추인 베르니케 영역에서 상징화된다. 그 결과 베르니케 영역에서 수용성 언어를 형성한다. 다른 사람의 동작과 표정 그리고 말소리를 이해하고, 그것과 일치하는 말소리를 들었을 때 '그래, 그거야' 하면서 말을 이해한다. 그 말을 브로카 영역에서 표현할 때 비로소 표현언어가 된다. 이러한 과정을 거치며 정상적인 언어발달을 이룰 때 언어의 문을 비로소 통과할 수 있다.

뇌과학으로 보는 뇌의 4가지 구조

대부분의 부모들은 내 자녀의 머릿속에 있는 뇌가 아이의 동작과 행동을 주도한다는 사실을 잘 모른다. 그래서 그냥 밥을 먹이고, 옷을 입히고, 대소변을 적당히 처리해줄 뿐이다. 그러다 보니 아이가 고집을 부리거나 말을 듣지 않으면 짜증이나 화를 낸다. 아이의 모든 행동은 부모에 의해 좌우된다는 생각을 가지고 있는 부모들도 있다.

하지만 아이의 행동은 그 아이의 뇌가 주관한다. 그러니 아이의 뇌의 발달과 작용을 이해하면 양육에 큰 도움이 될 것이다. 아이의 뇌를 이해하려면 뇌과학에 대한 기초 지식이 필요하다. 뇌과학의 선구자인 조장희 박사의 저서 《뇌과학》을 보면 "뇌과학은 뇌의 구조와 기능을 밝히고, 그것을 통해 인체의 다양한 특성을 연구하는 응용 학문이다."라고 정의되어있다.

뇌의 구조는 해부학적 그림이나 사진을 자주 보면 이해하기 쉽다. 그런데 부모들이 반드시 알아야 할 것은 뇌의 기능이다. 뇌는 어떤 기능을 가지고 있을까? 뇌의 기능의 한계는 어디까지 일까? 일단 뇌의 구조는 다음과 같은 4가지로 나누어볼 수 있다.

① 뇌간(뇌줄기)　　　② 변연계　　　③ 소뇌　　　④ 대뇌

그럼 이 4가지 부분들의 기능은 무엇일까? 뇌는 다양한 자극을 수용하면서 이에 대한 적절한 반응을 유도한다. 다시 말하면 감각자극을 수용하고, 그에 대한 반응 행동을 나타낸다. 이러한 기능과 과정을 거치면서 각자 개인의 고유한 경험을 하게 되는 것이다. 그리고 그 경험과 지식을 뇌에 다시 저장한다.

① 뇌간(뇌줄기)

뇌간(뇌줄기)은 '원시적 뇌' 혹은 '동물적 뇌'라고 한다. 왜냐하면 동물이나 사람이 살아있으려면 숨을 쉬어야 하는데, 이 호흡 관련 활동을 뇌간이 담당하기 때문이다. 그리고 심장이 움직이는 심장 박동과 폐가 움직이는 흉곽의 운동 조절도 뇌간이 담당하고 있다. 혈관을 수축하고 이완시키는 혈압 조절도 뇌간이 담당한다. 사람은 이 뇌간에 사고가 나면 바로 사망한다.

② 변연계

변연계는 뇌의 중심부에 자리를 잡고 있으며, 뇌간(뇌줄기)과 대뇌 사이의 다양한 구조물로 이루어져있다. 여러 가지 기능의 집합체로서의 기능을 담당하고 있다. 그

구조물들로는 편도체, 해마, 시상하부, 시상 등이 있다. 편도체는 우리 몸이 외부로부터의 위험을 인식하고, 감정과 분노 및 사랑과 기쁨, 생존 등에 관한 본능적·기본적 욕구 등을 담당한다. 해마는 모든 기억을 담당한다. 해마의 기능을 구체적으로 잘 알면 기억력을 높이는데 큰 도움이 된다. 시상하부는 감정에 따라서 내분비액을 조절하여 제공한다. 시상은 대부분의 감각자극을 모아서 대뇌의 감각피질로 보내는 중계소 역할을 감당한다. 이러한 변연계가 우리 아이들의 감정과 정서 그리고 기억을 만드는 기능을 감당하기 때문에 인간적인 기능을 보다 더 많이 담당하고 있는 것으로 보인다.

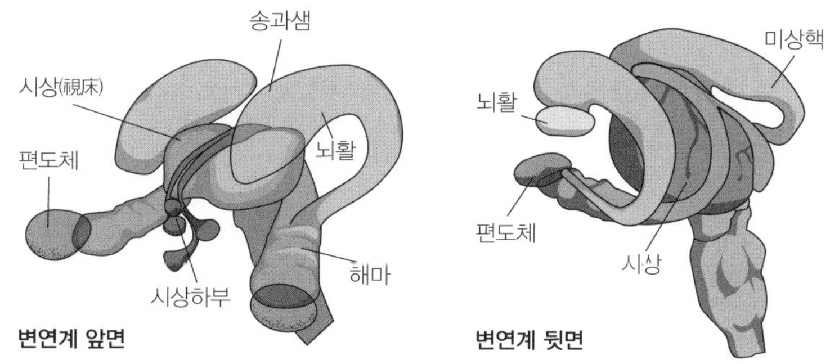

③ 소뇌

소뇌는 신체의 모든 동작을 무의식적으로 기억하고, 과거에 했던 동작과 현재 하고 있는 동작을 비교·분석하여 융통성 있는 행동을 만든다. 특히 연습에 의한 운동기술에 관여한다. 모든 훈련이나 운동선수들의 뛰어난 기능은 소뇌에 의해 이루어진다.

④ 대뇌

대뇌는 감각피질, 운동피질, 연합영역, 시각영역, 청각영역, 언어영역, 그리고 전전두영역 등으로 나눌 수 있다. 감각피질은 체성 감각, 즉 몸 전체의 모든 감각을 수용한다. 운동피질은 감각피질로 들어오는 모든 감각 자극에 반응한다. 그리고 몸을 움직이는 의식적 활동에 따라 소뇌와 기저핵을 거쳐 사지와 몸통, 그리고 머리를 포함한 전신의 근육으로 전달되어 몸을 움직이게 한다. 연합피질은 감각피질로 들어오는 모든 감각을 시각영역과 청각영역으로 들어오는 감각과 연합시켜 의미를 파악·해석한다. 시각영역은 빛을 통해 들어오는 모든 시각적 자극 정보를 받아들여 다른 감각과 연합·결합되도록 보낸다. 청각영역은 소리를 통해 들어온 모든 정보를 받아들여 연합 신경영역 등으로 보낸다. 언어영역은 두 가지인데, 그중 하나인 연합영역에서 이해·해석된 정보를 상징화·부호화함으로써 언어적으로 이해한다. 그리고 이 영역은 수용성 언어영역 혹은 '베르니케 영역'이라 불리는 영역에서는 말소리를 깨닫고 말의 의미를 이해한다.

브로카 영역은 입술과 혀, 성대와 턱 등을 움직여서 말소리를 만듦으로써 말을 할 수 있게 한다. 즉, 모든 말은 운동영역 중에서도 브로카 영역에서 만들어진 뒤 나온다. 브로카 영역은 이렇듯 마치 스피커와 비슷한 기능을 담당한다.

전전두엽은 운동영역에서 의미있는 행동과 언어를 저장하는 곳이다. 즉, 뇌의 통합적인 작용에 의한 경험과 정보와 지식을 저장하며, 생각하고 비교하고 판단하고 지시한다. 전전두엽의 비교·판단 지시에 따라 사람은 표정을 짓거나, 행복하거나 우울하기도 하고, 의욕적이거나 소극적인 행동을 할 수도 있다.

이렇듯 복잡한 여러 과정을 통해서 행동이 만들어지고 발달하는 것이다. 그런데 부모들은 대개 너무 간단하고 쉽게, 조급하게 빨리빨리 아이들이 자기에게 맞춰서 자라나주기를 바란다. 만약 이와 같은 뇌과학에 근거하여 부모와의 상호작용이 이루어진다면 아이를 보다 더 유능하고 지혜롭게 성장하도록 양육할 수 있다.

자폐아동들의 행동을 보면 융통성이 부족한 것을 알 수 있다. 그 이유는 언어에 있다. 일반적인 아이들의 언어는 대화에 따라, 상황에 따라 언제나 변형될 수 있다. 정상적인 언어발달은 정상적인 행동발달로 이어진다. 그러나 자폐아동은 언어발달에 문제가 있기 때문에 융통성 없는 행동을 할 수밖에 없다.

여섯 번째, 기억의 문

자폐아동들은 사실과 사건의 의미를 기억하지 못한다. 사진을 찍듯이 사물을 보지만, 특이한 패턴으로 보기도 하고 조각조각 나누어 보기도 한다. 한 번 본 것은 완벽하게 기억하는 것 같지만, 그 이상의 관찰이나 생각 등과는 결부시키지 못한다. 따라서 이전에 본 것과 현재 본 것을 비교하는 행동이나 관찰하는 활동을 하지 못한다. 주변 환경을 의식하지 못하기 때문에 종합적이고 통합적인 개념을 형성하기가 어렵다.

그리고 사물에 이름을 붙이거나 행동의 숨은 의미를 파악하지 못한다. 동기부여가 잘 안 되고 목적의식이 없기 때문에 기억의 문이 굳게 닫혀있다. 자신의 행동에 대한 주변의 반응도 이해할 수 없고, 재미있는 사건과 자주 경험하는 즐거운 일조차 기억하기 어렵다. 이처럼 기억의 문이 열리지 않기 때문에 수많은 부모들은 자녀의 자폐증에 대해 절망하고 포기한다. 하지만 이 문도 열릴 수 있다. 올바른 언어치료를 통해 기억의 문을 열어줄 수가 있다.

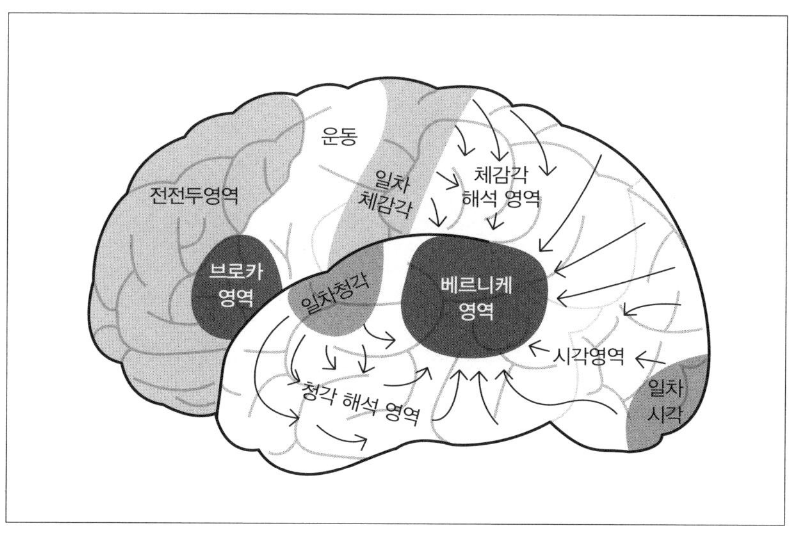

베르니케 영역은 청각피질과 시각피질, 체감각피질로부터 전달된 언어 정보를 해석한다. 브로카 영역은 언어의 구사와 관련하여 중추적인 역할을 한다.

일곱 번째, 의식의 문

의식이란 무엇인가? 그것은 현실 속에서 스스로 생각하고 판단하는 것이다. 의식의 특성은 현실성이다. 의식을 통해 학습된 지식과 삶의 경험을 현실과 연결하여 현실적으로 생각한다.

자폐인 중에도 사회에서 좋은 역할을 하는 경우가 많다. 그러나 자폐인들을 자세히 살펴보면 현실적 감각과 사고가 적절치 못하다는 것을 쉽게 느낄 수 있다. 말을 배우고 자기 생각을 표현하는 단계까지 발전한 자폐인이라도 사회성과 현실적 사고가 부족하다는 점이 언제나 문제로 남아 있다.

12가지 감각을
균형 있게 발달시켜라

　감각이란 자극된 신경세포, 혹은 활성화된 신경세포를 인간의 의식이 인지하고 처리하는 것이다. 아기에게 엄마의 손길이 닿으면 촉각이 발달하고, 엄마의 품에서 따뜻한 체온을 느끼면 온각이 발달한다. 엄마가 안고 흔들어주면 전정감각이 발달한다. 엄마의 목소리를 들어서 청각이 발달하고, 엄마의 얼굴을 반복해서 보면서 사람의 얼굴을 인식한다. 삶의 초기에는 이처럼 부모와의 접촉이나 상호작용에 의해 감각을 안정적으로 발달시켜야 한다. 감각이 삶의 에너지를 만들기 때문이다.

　사람들은 아기가 태어나면 대부분 큰 탈 없이 무럭무럭 자라기 때문에 신생아의 감각 발달에 대해서 관심을 두지 않는다. 하지만 자세히 살펴보면 신체 발달 보다 감각 발달이 훨씬 더 중요하다. 신체는 적당히 젖을 주고, 잠을 재우고, 목욕시키면 잘 자란다. 감각 발달은 신체 발달보다 더 복잡하고 고차원적이다. 사람이 동물과 달리 말하고 생각하고 다양한 문화와 예술을 만들어내는 것은 이 감각신경이 발달함으로써 시작되기 때문이다.

자폐아동은 감각이 불균형하게 발달한다. 템플 그랜딘은 자폐아동들이 '그림으로 묘사되지 않는 언어'를 이해하는 것이 어렵다고 지적한다. 눈에 보이는 '사과', '바나나', '차', 이런 어휘는 쉽게 그림과 연결해 습득하고 말할 수 있다. 하지만 '행복하다', '멋지다', '그립다' 같은 어휘는 명확하게 이해할 수 없다. 시각과 청각 위주로 감각이 불균형하게 발달했기 때문이다. 눈에 확실히 보이는 시각적 이미지 외에 다른 감각으로 알 수 있는 개념은 이해하지 못한다.

그래서 자폐아동의 언어는 감각의 일부가 동원된 텅 빈 언어다. 이를테면 "사과는 빨갛다", "사과는 동그랗다", "사과는 먹는 것이다" 같은 식이다. 반대로 건강한 아동의 언어는 감각 전체가 동원된 알찬 언어다. "사과는 빨갛고 동그랗고 먹는 것이다. 그리고 맛이 새콤하지만 떫을 때도 있다. 껍질도 있다. 겉이 만질만질한데, 떨어지면 멍이 든다. 공처럼 굴러가기도 한다. 갈면 즙이 나온다" 같은 식이다. 이렇게 감각 발달이 균형 있게 이루어질 때 건강한 언어가 나올 수 있다.

아동의 발달에 중요한 12가지 감각은 다음과 같다.

1. 촉각 + α 체성 감각

우리가 일반적으로 알고 있는 5개 감각은 시각, 청각, 후각, 미각, 촉각이다. 그러나 대뇌피질에서는 일차적으로 몸 전체의 감각을 인식하는 감각영역이 있는데, 이것을 의학적으로 체성 감각, 또는 체감각이라 한다. 다시 말하면 몸을 느끼는 감각이 촉각이지만, 이 촉각이 자극의 세기와 종류, 그리고 접촉 부위에 따라 압각, 온각, 냉각,

통각 등으로 작용하는 것이다.

이 세상에 태어난 모든 아기들은 감각을 통해 세상을 조금씩 인식해간다. 특히 '일반 감각'이라 불리는 피부감각은 촉각, 압각, 온각, 냉각, 통각 등 총 다섯 종류로 이루어져있다. 아기들은 엄마의 몸에서 나온 뒤부터 피부감각을 통해 세상에 적응해간다.

촉각은 뇌의 대뇌피질에서 체성(體性) 감각 영역을 통해 자신의 신체를 인식함으로써 발달한다. 또한 촉각은 뇌가 몸 전체의 감각을 받아들이고 깨닫게 한다. 이 과정에서 뇌 속에 숨어있던 유전자는 온몸에서 들어오는 감각을 만나서 자신의 그림을 형성한다. 이 감각이 대뇌 감각 영역에서 '작은 아이', 즉 호문쿨루스(homunculus)를 만든다.

물리적 터치, 진동, 압력, 신체위치감각(고유감각) 같은 감각들은 기계적 감각이다. 외부 자극에 의해 입력되는 감각은 유전자를 활성화시킨다. 머리, 눈, 코, 입, 입술, 혀, 턱, 손과 손가락, 발과 발가락, 성기 등은 접촉 자극을 통해 그 기능이 발달한다.

그런데 자폐아동들은 몸 전체를 감싸고 있는 감각인 체성 감각이 유전자 결함 같은 원인 때문에 발달하는 과정에서 문제를 보인다. 대부분 접촉을 싫어하고 거부하지만, 특정한 신체감각은 또 집착하고 습관적으로 즐기기도 한다.

2. 통각

통각은 개체에 부딪친 위험을 대뇌에 경고해주는 감각이다. 통각은 생명을 유지하고 보존하기 위해서 신체를 안정적으로 관리하는

데 크게 기여하는 감각이다. 예를 들면 뜨거운 물체에 닿았을 때, 화상을 입었을 때, 날카로운 물체에 찔리거나 피부가 긁히거나 찢어져서 피부 조직이 파괴되었을 때, 돌이나 나무 같은 딱딱한 물체에 심하게 부딪쳤을 때 느끼는 감각이 바로 통각인 것이다. 이러한 통각이 뇌로 바로 전달되어야 반응행동이 나타난다. 즉, 통각에 따른 반응을 보이는 것이다. 통각은 생명과 관련된 감각이다. 그러니 즉각적인 반응을 보여야 하는 감각이다. 그래서 뇌에 전달되는 속도가 빠를 것 같다고 일반인들은 생각하지만, 실제로는 촉각보다도 느리다.

통각이 뇌로 전달되는 과정은 두 가지다. 하나는 척수에서 뇌줄기와 시상(視床)을 거쳐 체성 감각 영역으로 들어간 뒤, 통각의 위치와 강도와 내용을 인식한다. 그럼으로써 통증이 어디에서 발생되었는지, 통증 자극이 어느 정도이며 어떤 종류인지 등을 깨닫게 해준다. 다른 하나는 뇌 줄기에서 시상하부와 편도체로 가서 불쾌감 같은 감정적 경험을 처리한다.

자폐아동들은 '아프다'는 것을 잘 느끼지 못하는 등 통각 반응과 관련된 문제가 있다. 그래서 통각 반응이나 통각과 관련된 행동을 발달시키지 못한다.

3. 온도감각

온도감각은 피부감각의 일종이다. 그러니까 뜨거움, 따뜻함, 시원함, 차가움 등은 피부의 온도 상태를 뇌로 보내는 것이다. 이러한 온도감각은 뇌의 감각의 문을 여는 데 크게 기여한다. 이 감각의 수용체가 밝혀진 것도 비교적 최근인 1997년 이후다. 온도의 범위는 매우 넓다. 하지만 인체가 느끼는 온도의 범위는 매우 좁다. 사람은 온도에 매우 예민하여 15~42도에서만 고통을 잘 느끼지 않고, 28~34도 정도를 적당하다고 느끼며, 온도가 그보다 더 떨어지면 시원하다고 느끼다가, 15도 이하로 떨어지면 춥다(고통스럽다)고 느낀다. 역시 온도가 올라가면 따뜻하다고 느끼다가 42도를 넘으면 뜨겁다(고통스럽다)고 느낀다.

자폐아동들 중에는 온도감각을 잘 느끼지 못하는 아이들이 있다. 부산의 해운대 수영장에서 겨울철에 2시간 동안 수영하고 놀았는데도 추위를 못 느꼈다는 동훈이 같은 경우도 있다. 하지만 '차갑다'는 것은 사람을 긴장시키는 효과가 크다. 그래서 동훈이 같은 경우도 얼음을 가지고 놀면서 언어를 학습시켰다. 그랬더니 평소에 말이 없던 아이가 "얼음!"이라는 말을 내뱉으면서 말문을 열었다. 이렇듯 온도에 대한 감각도 자폐아동들에게 일깨워야 할 감각이다.

4. 압박감

압박감은 피부가 강하게 압박을 당할 때 압박수용기로 느끼는 감각이다. 손바닥, 발바닥, 두피를 비롯하여 몸 전체를 압박해주는 것은 몸에 매우 좋다. 이러한 압박감은 몸 전체의 고유감각을 발달시키고 진정시켜주기까지 한다. 이에 관한 대표적인 사례가 템플 그랜딘 박사의 경우다. 미국에서 사용되는 가축 관련 시설들 중 3분의 1을 개발한 그랜딘 박사는, 연구 도중 농장에서 카우보이들이 소를 압박기로 진정시키는 것을 관찰했다. 그 뒤 그랜딘 박사는 자신이 직접 만든 압박기로 흥분을 억제하지 못하던 자신을 스스로 진정시키는 데 성공했다. 그랜딘 박사의 성공은 사람용 압박기인 허그머신(Hug Machine)이 개발되는 계기가 되었다.

압박수용기는 주로 피하 결합 조직 근막과 골막 건초에 있으며, 비교적 강한 압박에 반응한다. 압박수용기는 압점(壓點)의 형태로 특히 손바닥 바닥면 1제곱센티미터마다 100개씩, 손등에는 9개가 있다. 신경은 흥분적 기능과 억제적 기능이 있다. 압박감은 신체가 억제 기능을 경험하고 안정감을 느끼게 한다. 자폐아동들은 자신의 동작과 행동을 억제하거나 조절하는 능력 등 외부 조건에 적응하는 능력이 부족하다. 그래서 산만하거나 독특한 행동을 하는지라 사회적 행동 발달이 어려운 것이다.

5. 진동감각

진동에 의한 자극을 느끼는 진동 감각은 압박감의 변형이라고 볼 수 있다. 사람은 매초 약 1,000회까지 반복되는 압박감을 받아들이지 못한 채 그냥 진동으로 느낀다. 그러니까 관절이나 피부에 있는 감각에서 압박감은 '느린 순응'을 나타내지만, 진동 감각은 '빠른 순응'을 나타낸다. 자폐아동들은 진동감각을 좋아한다. 특히 손가락으로 기계의 표면을 훑을 때 느껴지는 진동을 기분 좋게 여긴다. 그리고 진동 감각 또한 압박감처럼 자폐인을 진정시키는 효과가 있다.

사실, 우리 주변에는 진동을 일으키는 기계가 많다. 안마기나 세탁기 등 모터로 작동하는 기계들에서 진동감각을 느낄 수 있다. 그러니 안마기 같은 것을 이용해 자폐아동의 손바닥, 등, 발바닥 같은 부분에 진동 자극을 주면 고유감각과 촉각을 발달시킬 수 있다. 더구나 자폐아동들은 사람의 말소리는 잘 인식하지 못해도 기계의 소리는 잘 인식한다.

6. 고유감각

고유감각은 근육이 수축하거나 늘어날 때 만들어지는 감각이다. 이는 자기 신체의 다양한 부분의 고유한 위치에 대한 감각 정보를 뜻하는 것이기도 하다. 고유감각은 근육 활동이 관절의 움직임으로 나타나는 것이기 때문에 '관절 운동에 대한 감각 정보'라고 말할 수도 있다.

고유감각은 영어로 'Proprioception'이다. 이는 라틴어 'Proprius(자기 자신)'와 'Perception(지각하다)'을 합성한 단어다. 이를 번역한 한자어 중 고유(固有)라는 표현도 '원래 가지고 있던 것'이라는 뜻이다. 결국 고유감각이란 '자기 자신이 원래 가지고 있던 고유한 감각'인 것이다. 다시 말하면 사람들은 이 고유감각 덕분에 눈을 감고서도 팔, 다리의 위치를 알 수 있다. 이 고유감각은 우리 몸이 움직일 때 주로 발생한다. 하지만 가만히 서있거나 앉아있어도 발생한다. 자폐아동들은 손과 팔을 의미 있게 사용하지 못한다. 그래서 그물오르기, 암벽타기 같은 활동을 통해 손과 팔, 다리를 사용할 수 있도록 해주어야 한다. 그리고 눈을 감은 채 행동을 할 수 있도록 해주어야 한다.

7. 내장감각

내장감각은 신체 내부의 감각을 알려주는 감각이다. 내장감각은 혈압을 조절하고, 소화와 호흡을 도우며, 우리 몸속의 다른 자율신경계들을 돕는다. 이에 대한 사례로 아이들이 음식을 먹고 삼키면 그것이 식도-위-작은창자-큰창자를 거쳐 자동적으로 소화되는 경우를 들 수 있다. 이것은 외부에서 들어오는 음식에 대해 감각 작용이 작용하기 때문이다. 하지만 자동적으로 이루어지기에 잘 의식하지 못하는 것이다. 그러나 사람의 생명과 밀접한 관련이 있어서 매우 중요하다.

그런데 자폐아동들 중에는 대소변을 가리지 못하거나, 심한 변비를 앓는 경우가 있다. 대장에서 항문으로 이어지는 내장감각이 잘 발달되지 않았기 때문이다. 앞으로 소개될 터치요법과 복부마사지 등 몇 가지 운동치료로 내장을 자극했더니, 이러한 문제가 해결된 자폐아동이 매우 많았다.

8. 전정감각

전정감각은 지구 중력에 의하여 몸이 중심을 잡고 균형을 유지하면서 회전과 가속도에 적응하는 감각이다. 이 감각은 촉각, 시각, 청각과 고유감각을 연합시키고 조절한다. 이 감각의 중요한 역할은 고유감각과 함께 자기 몸이 공중의 어디에 있는지, 어디로 움직이고 있는지, 지면과 어떤 관계에 있는지를 느낌으로써 다른 감각이 활동하는 데 필요한 기초를 만드는 것이다. 전정감각과 연결된 귓속의 세반고리관은 회전에 관한 움직임을 조절하고, 이석(耳石)은 수평과 수직의 직선적인 움직임을 만든다. 아울러 전정감각은 자세를 유지하는 기반이 되는 근육 긴장을 조절하고, 자세와 머리의 위치를 조절하거나 안구의 자동적인 운동을 조절한다.

자폐아동의 몸에는 전정감각이 부족해 촉각, 시각, 청각과 고유감각의 연합이 잘 이루어지지 않는다. 그래서 빙빙 돌기나 뛰기 같은 반복적인 운동을 즐긴다. 그런데 자폐아동들은 대체로 전정감각이 부족해 그네를 지나치게 오래 탄다. 몸을 많이 흔들거나 팔을 많이 흔들기도 한다. 엘리베이터나 에스컬레이터 타기를 수없이 반복하는 이유도 전정감각이 부족하기 때문이다. 그물오르기, 구름다리건너기, 승마 같은 활동은 전정감각의 문제를 해결해줄 수 있다.

9. 후각

사람이 맡을 수 있는 냄새는 적어도 1만 가지 이상이다. 냄새를 맡아 뇌에 전달하는 후각신경은 코의 안쪽에 있다. 그러니까 냄새가 콧속의 후각수용체에 닿으면 전기적 신호가 만들어지고, 이 신호는 뇌로 올라간다. 후각수용체에서 신호가 대뇌로 올라갈 때에는 다른 감각과 달리 시상(視床)을 거치지 않는다. 이 과정에서 후각은 또한 안와전두피질과, 감정과 기억을 담당하는 편도체로 이어진다. 그래서 냄새에 의한 자극은 무의식적으로 기억되기에, 과거 기억을 되살리는 데 큰 역할을 한다는 사실도 밝혀졌다. 이에 따라 자폐아동들이 자연을 관찰하면서 고유한 냄새와 함께 사물을 인식하도록 하게 하면 기억력을 높여줄 수 있다.

10. 미각

미각은 입속에 들어온 물질의 맛을 느끼는 것이다. 음식이 혀에 닿는 순간부터 맛을 느끼기까지 차이가 있지만, 대체로 1~2초 정도에 이루어진다. 맛의 종류는 다양하나 일반적으로 단맛, 신맛, 짠맛, 쓴맛 등 네 종류가 기본 맛으로 인정받고 있다. 혀에서 기본 맛을 느끼는 부분들 중 단맛은 혀끝, 신맛은 혀의 양 옆, 쓴맛은 뒷부분, 짠맛은 혀 전체에서 느낀다. 사람의 혀에는 1만 개의 맛봉오리가 있다. 각각의 맛봉오리에는 50~100개의 미각세포가 있다. 맛봉오리는 주로 혀에 있지만, 입천장과 후두, 인두 등에도 존재한다. 음식이 미각세포에 닿으면, 해당 세포에서는 전기신호가 만들어진다. 혀에서 생성된 전기신호는 뇌신경의 7번과 9번을 따라 대뇌피질로 전달되고, 일부는 후각 신호와 만난다. 그래서 자폐아동에게는 햄이나 소시지, 통조림, 과자보다 가급적 생야채나 생과일, 직접 요리한 고기나 생선 등을 먹이는 것이 좋다. 음식의 고유한 맛을 경험할 수 있게 해줄 수 있기 때문이다.

11. 청각

청각은 소리에 대한 정보를 귀를 통해서 뇌로 전달해 분석되도록 하는 감각이다. 그리고 소리는 공기의 파동을 통해 귀속의 고막에 전달된 진동이다. 즉, 공기의 파동이 고막을 건드리면, 고막 안쪽의 작은 뼈들이 이 음파를 귀속에 있는 달팽이관에 전달한다. 달팽이관 안에는 액체와 막이 있는 바, 음파의 자극에 따라 진동을 만든다. 이때

막에 붙어있던 털 세포가 이 진동을 전기적 신호로 변화시킨다. 털 세포가 만든 전기적 신호는 청신경을 따라서 뇌줄기(뇌간)를 거쳐 측두엽의 청각 영역에 전달된다. 그리고 뇌에 전달되는 과정에서 음파의 속성은 서서히 의미를 가진 정보로 변화된다. 이 과정에서 감정을 담당하는 변연계에도 정보가 전달되면서 모든 소리는 감정을 유발하게 되고, 기억되며, 나중에 듣게 된 다른 소리와 비교할 때 사용되는 자료가 된다.

사람의 귀로 들어오는 수많은 소리들 중에 친숙하거나, 해롭다고 느껴지지 않은 소리는 우리가 잘 의식하지 못한다. 더군다나 사람을 비롯한 동물들은 자기에게 중요한 소리를 선택적으로 듣는다. 군대에서 밤중에 보초를 서는 병사가 동물들의 울음소리나 바람 소리에는 별 반응이 없다가, 부스럭거리는 소리나 비행기 소리에 민감하게 반응하는 것도 그 예다. 엄마들 또한 아이의 울음소리에 금방 깬다. 이것은 소리가 뇌에서 해석되어 '의미 있는 소리'와 '의미 없는 소리'로 구분하기 때문이다.

아기에게 TV 시청이 위험한 이유도 이 때문이다. TV앞에 놓인 아기는 자신과 관련이 없는 소리에 반응을 보이지 않는다. 결국 말소리의 의미를 인식하지 못하게 되면서 반응도 하지 않게 되는 것이다. 물론, 소리와 함께하는 다른 감각, 예를 들면 시각이나 촉각 등에 의한 자극도 없기에 주변에서 들려오는 소리의 의미를 파악할 수 없게 된다. 말소리를 지각할 수 있도록 마주 보고서 말을 하고, 그에 따른 행동을 하게끔 한다. 그 이전에 의성어, 의태어를 많이 연습하는 것이 좋다. 강아지의 "멍멍", 고양이의 "야옹" 같은 소리들 말이다.

12. 시각

시각은 사람이 눈을 통해 외부의 물체를 인식하는 것이다. 시각은 또한 물체의 크기, 형태, 빛, 밝기 및 위치와 움직임을 파악한다. 시각의 처리 과정은 일단 망막을 통해 들어오는 정보가 일차적으로 후두엽의 일차시각피질에서 처리된 다음, 두 개의 흐름들로 나뉘면서 시작된다. 이 흐름들 중 하나는 두정엽으로 올라가서 '어디에' 사물이 있는지(위치와 방향)를 파악하게 해주고, 다른 하나는 측두엽으로 이어져 '무엇'인지를 확인하게 해준한다.

아기들은 생후 3~4개월이 지나면 사람의 얼굴 윤곽을 알아본다. 심지어 행복한 얼굴인지, 놀라거나 화가 난 또는 무표정한 얼굴인지 구분할 수 있다. 6개월이 지나면 사람의 얼굴을 식별할 수 있고, 9개월이 지나면 사람과 원숭이를 구별할 수 있다. 이는 아기가 자주 접하는 자극을 좀 더 잘 구별할 수 있도록 지각 능력을 선택적으로 발달시키기 때문이다. 그래서 아기가 돌이 되기 전에 TV나 컴퓨터, 스마트폰 같은 것 앞에 두거나 만지게 해서는 안 된다.

특히 자폐아동들은 12개월이 지나도 사물들을 파악하기 위한 시각적 관찰을 못한다. 즉, 사물에 대한 관찰력과 이해력이 발달하지 못하는 것이다. '어디에', 즉 사물의 위치와 방향, 움직임에 대한 반응도 보이지 않는다. 그러한 것을 탐색할 수 있는 시각의 발달이 이루어지지 못했기 때문이다. 사람이 사물을 인식하기 위해 시선을 한곳에 고정시키는 시간은 매우 짧다. 그렇기 때문에 의식적으로 시선을 고정시키면 처음에 선명하게 보이던 물체가 곧 흐릿하게 보이게 된다. 그러나 눈을 약간 움직이면 다시 선명해진다. 자폐아동은 '선명한 이미지를 찾기 위해 능동적으로 눈동자를 굴리는 행동' 같은 이와 관련된 행동을 하지 못한다. 동공의 움직임이 원만하지 못하기 때문이다.

TV나 스마트폰 같은 것은 피하고, 사람과 사물을 보면서 상호작용을 할 수 있도록 도와주어야 한다. 자폐아동들은 유전자 결함 같은 원인 때문에 감각 발달이 정상적으로 이루어지지 못했을 수도 있다. 그래서 어떤 감각은 전혀 느끼지 못하고, 또 어떤 감각은 민감하게 반응한다. 그래서 치료적 자극 프로그램이 반드시 필요하다.

인간과 세계의 접촉은 감각에서 시작된다. 이러한 열두 가지 감각 발달이 생에 초기에 안정되게 이루어지도록 해야 한다.

신체 인식 부족

자폐성향이 있는 아동들 중에는 자기 몸에 대한 인식을 잘 못하는 경우가 많다. 접촉이 제한적이기 때문이다. 자폐아동에게는 사람들을 관찰하고 접촉하며, 자신의 각 신체 부위를 관찰한 후 직접 움직여보고 느끼는 과정이 결핍되었기 때문이다. 그래서 사람으로서의 자기 자신을 인식하지 못한 채 스스로를 로봇 같다고 표현하기도 한다. 실제로 자폐아동 중에는 행동이나 모습이 기계 같거나 부자연스러운 경우가 많다. 나 자신이 누구인지 알려면 다른 사람과 나 자신을 관찰하고 인식해야 한다.

신체 인식이 원활하게 이루어지도록 하려면 움직임이 다양해야 한다. 단순히 많이 걷고, 많이 뛰고, 많이 움직이는 것이 아니다. 무조건 높이 오르기만 하는 것도 좋지 않다. 돌았다, 굴렀다, 뛰었다, 뒤로 갔다, 옆으로 갔다, 살금살금 갔다, 흔들기도 하면서 다양하게 움직여야 한다. 그래야 신체 인식이 올바르게 이루어지고, 감각도 정상적으로 발달하게 된다.

자폐아동은 몸의 경계, 즉 몸의 시작과 끝, 자신과 접촉한 사물의 시작과 끝을 파악하기가 어렵다. 접촉과 움직임의 경험이 다양하지 않기 때문이다. 자폐성향이 있는 아이들은 온몸에 깁스를 한 것처럼, 몸은 잘 안 움직이고 눈과 귀로만 자극을 받아들이기도 한다. 시각과 청각 자극만을 불균형하게 받아들이고, 몸 전체를 통해 감각을 골고루 받아들이지 않는다. 또는 신체 일부를 굉장히 반복적이고 제한된 방식으로 움직인다. 이런 성향은 재미있고 다양한 활동을 함으로써 점차 나아질 수 있다.

C.H.A.I.에 집중하라

C-Contact(접촉)

앞서 자폐증의 원인이 사람·접촉 결핍이라고 했다. 이 결핍을 채워주면 된다. 그래서 자폐 치료의 핵심은 접촉에 있다. 사람과의 접촉, 사물과의 다양한 감각적 접촉이 자폐증의 닫힌 문을 여는 열쇠다. 이 두 가지만 명심하면 자폐증은 분명 치료될 수 있다. 그중 사람과의 접촉은 스킨십을 의미한다. 아이에게 부모와의 스킨십은 매우 중요하다. 스킨십의 중요성을 알고 직접 해보면 쉽고 확실하게 그 효과를 경험할 수 있다.

스킨십의 효과는 다음과 같다.

첫째, 스킨십을 통해 모성애가 충전된다. 아이가 치료 교육을 받는 동안 부모는 인내와 고통의 시기를 보내야 한다. 더 노력해야 하는 것은 물론이고, 당장 눈에 띄는 변화가 없어도 아이를 위해서 참고 기다려야 한다. 이 모든 고통을 이겨낼 수 있도록 도와주는 힘이 바로 모성애다.

휴대폰이 방전되면 충전이 필요하다. 마찬가지로 자폐아동의 부모는 우울하고 불안과 걱정이 쌓여갈 때, 스킨십을 통해 아이에 대한 사랑을 충전해야 한다. 이러한 사랑의 힘으로 아이와 즐겁게 함께할 수 있다. 부모 자신을 위해서도 스킨십을 많이 해야 한다.

둘째, 스킨십을 통해 많은 것을 배울 수 있다.

먼저 감각통합을 할 수 있다. 힘의 강도, 근육의 수축과 이완, 관절의 움직임 등이 모두 사람과의 접촉을 통해 자연스럽게 발달·습득된다. 어느 정도의 힘을 주고 이완을 해야 하는지를 스킨십을 통해 알게 된다. 근육의 세밀한 조절, 관절의 움직임, 대근육과 소근육의 사용 방법을 말로 다 설명할 수는 없다. 보여주기도 어렵고, 아무리 쉽게 설명한들 아이들이 이해하기는 어렵다. 그러나 스킨십(몸놀이)을 통해서라면 이것들을 자연스럽게 배울 수 있다.

셋째, 스킨십은 상호작용 능력을 향상시키는 지름길이다. 모든 사람은 사람들 속에서 상호작용하고 어울려야 건강하게 살아갈 수 있다. 그러나 자폐아동들은 어떠한가? 숫자와 문자만 보려 하고 중얼거리며 손으로 그 형상을 만든다. 기계의 소리, 기계의 움직임(자동차, 엘리베이터, 에스컬레이터, 컴퓨터, 스마트폰)에 더 관심을 둔다. 오랜 시간 동안 혼자서 장난감을 가지고 놀고, 주변에 사람이 있어도 전혀 관심을 보이지 않는다.

그렇지만 몸놀이를 하면 사람의 따듯함을 느끼면서 편안해진다. 나를 안고 있는 사람에 대해서 생각하고, 그 사람의 표정과 의도를 읽으려고 노력하기 시작한다. 눈을 더욱 자연스럽게 맞추고, 그 사람의 목소리에 귀를 더 기울인다. 이런 과정이 건강한 치료와 발전으로 이어진다.

사물과의 접촉은 다양한 감각적 체험이 가능한 활동을 하면서 이루어지는 것이 좋다. 자폐아동과 진행하는 수업 중 정기적으로 하는 가루 활동이 있다. 밀가루, 쌀가루, 빵가루, 전분가루, 카레가루, 커피가루, 짜장 분말 등을 물에 개어서 만져보거나 뭉쳐보는 활동이다. 자폐아동들에게 다양한 촉감각을 경험하게 해줄 수 있다.

두뇌를 자극하는 그물지나가기

촉감각 발달을 돕는 다양한 체험 활동

미역 만지기, 파스타·국수·라면사리를 부수거나 날리기, 채칼로 채소 껍질 벗기기 등 다양한 재료를 만져보고 그 특성을 알게 하는 활동도 했다. 자연물은 물론 단골 소재다. 흙, 돌, 나뭇가지, 봄꽃, 낙엽, 단풍 등으로 다양한 활동을 함께하는 것이다.

교실이라는 단순한 공간 역시 갖가지 모양으로 바꿀 수 있다. 바닥에 풍선을 깔아서 출렁이는 바다로 만들거나, 천장에 수십 개의 샌드백을 달아서 손으로 만지고 발로 차게 해준다. 이쪽 벽에서 저쪽 벽까지를 굵은 고무밴드 여러 개로 연결해서 영화 〈미션임파서블〉에서 주인공이 했던 것처럼 줄을 통과하게 했다. 커튼을 여기저기 달아서 숨바꼭질도 하게 했다. 이사짐을 포장할 때 쓰는 플라스틱 박스를 가져다가 아이들이 쏙 들어가도록 했다. 텐트를 쳐서 캠핑 놀이도 하고, 물을 가득 담아다가 설거지와 집안일을 해 보기도 했다. 교실 바닥이 쌀, 소금, 설탕으로 난리가 난 적도 허다하고, 도토리로 볼풀장을 만들어주기도 했다.

아이들을 돌보는 선생님들은 다소 힘들었지만 자폐아동들은 무엇보다 좋은 경험을 해볼 수 있었다. 이러한 과정을 통해 자폐아동은 다양한 감각적 경험을 하면서 제한된 자극만 받아들이는 자폐적 성향에서 벗어나게 된다.

신체의 각 부분을 넓고 강하게 접촉할수록 좋다. 운동을 통해서 각종 기구와 사물에 몸을 많이 접촉하도록 해주는 것도 효과적이다. 터널통과하기, 그물지나가기처럼 자기 몸을 움츠리고 조절해서 빠져나오는 활동이 좋다. 그리고 넘어지기, 몸을 구부렸다가 손과 팔에 힘을 줘서 일으키기, 배에 힘을 줘서 균형 잡기 등도 좋다. 씨름, 권투, 앞구르기, 옆구르기, 물구나무서기, 다리 구르며 누르기, 비행기 태우기 등도 좋은 활동이다.

단순히 일정 속도로 걷고 뛰는 것은 뇌에 긴장을 주지 못한다. 징검다리건너기, 출렁다리건너기, 돌다리에 올라가서 점프하기 등이 뇌의 발전에 효과적이다.

집에서 양육할 때도 이렇게 도울 수 있다. 많이 흘리더라도 스스로 음식 떠먹기, 물컵을 스스로 잡고 조절하기(욕실에서 물 담고 쏟는 놀이), 신발과 양말 스스로 신기, 옷 스스로 꺼내고 고르기, 혼자 세수하고 양치질하기, 씩씩하게 걷기, 스스로 생각하고 선택하면서 활동하기 등을 하나씩 할 수 있도록 기회를 주어야 한다. "우리 ○○는 할 수 있어", "잘하고 있어", "우와, 이렇게 했어? 멋지다!"와 같은 말을 자주 사용해야 한다.

과잉 행동의 조절을 위해서도 접촉이 필요하다

일본인 자폐증 작가 히가시다 나오키는 새가 되고 싶어서 팔짝팔짝 뛰었다고 한다. 하늘 위로 올라가고 싶다고 말하는 그처럼 자폐아동들은 높은 데 올라가는 것을 좋아한다. 반면에 낮은 곳에서 기거나 구르는 것을 싫어한다. 무게 중심이 위에 있다. 무게 중심을 배 쪽으로 잡게 하면 싫어하고 거부한다. 일반적으로 아이들은 생후 6~8개월부터 네 발로 기기 시작하여 12~15개월에는 두 발로 걷는다. 그런데 자폐아동 중에는 네 발로 기는 과정을 짧게 지나간 뒤 바로 걷거나 뛴 아이들이 상대적으로 많다.

배꼽 주변에 간지럼을 태우면 웃으면서 좋아해야 하는데, 오히려 낯설어하고 거부하는 경우가 많다. 똑같이 간지럼을 태우면 일반 아동은 깔깔 웃으면서 또 해달라고 한다. 자폐성향이 있는 아이들은 싫어하고 도망가기 일쑤다.

다리를 구부려서 배 쪽으로 눌러주는 스트레칭을 해봐도 차이가 있다. 일반적으로 이렇게 스트레칭을 하면 약간 답답한 느낌은 있지만 크게 불편하지는 않다. 하지만 자폐성향이 있거나 발달장애가 있는 아이들 중에는 이러한 스트레칭을 굉장히 싫어해서 몸에 힘을 주며 거부하는 경우가 있다.

배에 힘을 주는 것은 매우 중요하다. 배에 힘을 줘야 말을 할 때도 전달이 될 만큼 큰소리로 말을 할 수 있다. 자폐아동들 중에는 말을 할 수 있어도, 그 말 소리의 톤이 높고 얇은 경우가 많다. 쉰 목소리를 내기도 한다. 그래서 말을 해도 잘 전달 되지 않는다. 또는 돌고래의 울음소리 같은 소리를 내며 소리를 지르기도 한다. 배에 힘을 주고 소리를 내지 않기 때문이다.

호흡도 길지 않다. 일반적으로 소리를 낼 때에는 숨을 들이쉬고 배에 힘을 준 채 조금씩 내뱉는다. 숨을 천천히 내뱉지 못하면 어떻게 될까? 호흡이 짧아서 문장을 말하기가 어렵고, 한 음절씩 끊어서 얘기하게 된다. 또는 말끝을 흐리기 때문에 의미를 정확하게 전달하기가 어렵다.

또한 자폐아동들 중에는 배에 힘을 줘서 무게 중심을 잡는 것을 어려워하는 아이들도 있다. 그래서 몸의 긴장도가 부족하여 서 있을 때도 휘청거린다. 가다가도 잘 넘어지고, 몸을 숙여서 물건을 집거나 구부리는 것도 잘 하지 않으려고 한다. 배에 힘을 줘서 무게중심을 잡는 것을 좋아하지 않기 때문에 엎드려서 기고, 터널을 통과하고, 구르는 활동을 좋아하지 않는다.

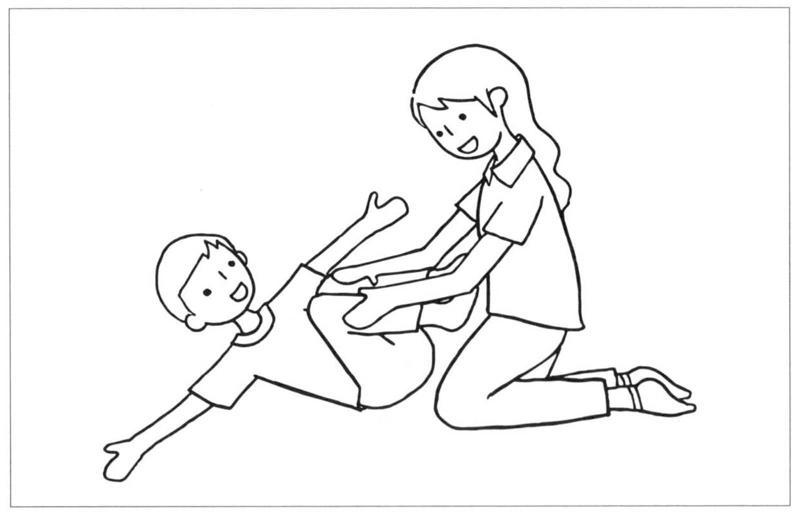

이렇게 배에 힘을 잘 주지 않았기 때문에 직접 배에 힘을 가하면 큰 거부감을 드러낸다. 한 번은 자폐아동을 눕힌 뒤, 다리를 구부려 배 쪽으로 눌러주는 스트레칭을 했다. 별로 불편하지 않은 동작이었는데도, 아이는 극도로 싫어하며 울었다. 배꼽 주변을 누르며 간지럼 태우는 것도 이리저리 피하기 바빴다. 선생님이 배에 다리를 대고 비행기 태워주는 것조차도 싫어했다. 이처럼 자폐아동은 신체와 근육 관절을 조절하는 능력이 부족한 경우가 매우 많다.

H－Human(사람)

자폐아동이 사람에게 관심을 두고 상호작용을 한다면 확연히 치료된 것이다. 사람에게 관심을 둔다면 눈을 마주칠 것이고, 사람의 모습을 모방하거나 단순 반복적인 상동 행동을 하는 경우가 사라질 것이다. 언어모방을 통해 언어발달도 원활하게 할 것이다. 자폐 치료의 핵심은 '어떻게 하면 사람에게 관심을 두게 할 것인가?'라고 할 수 있다.

사람에게 관심이 없는 것은 자폐의 고유한 특징이다. 그러므로 이를 인정해야 한다고 주장하는 이들도 많다. 하지만 충분히 좋아질 수 있다. 어떻게 도와주느냐에 따라서 사회성이 발달할 수 있고, 자폐성 장애에서 벗어날 수 있다.

사람에게 관심을 두려면 사람들에게 관심을 두는 데 방해되는 것이 무엇인지 알아야 한다. 아이가 TV나 스마트폰을 자꾸 보고 좋아한다면 그것을 치워야 한다. 계속 장난감만 갖고 논다면 장난감도 싹 다 치워야 한다. 늘 친숙하게 갖고 놀던 것들이 없어지면 아이는 무엇을 하면서 놀지 고민한다. 그러다가 지루하거나 짜증이 나면 엄마에게 가서 칭얼거리기도 하고, 뭔가를 요구하기도 할 것이다. 주변에서 노는 친구들에게 관심을 가질 기회도 많아진다.

자폐 치료는 무조건 사람이 해야 한다. 직접 눈을 마주 보고 살을 맞대며 치료해야 한다. 아이를 사랑하는 엄마아빠가 함께 치료해야 하고, 아이를 치료하려는 열정이 가득한 치료사가 담당해야 한다. 더 이상 기계·약물에 의존하는 것은 도움이 되지 않는다는 것을 인정해야 한다.

자폐아동은 사람과 소통하기가 어렵다. 하지만 불가능한 것은 아니다. 사람과의 소통이 어렵다고 자꾸 쉬운 방법을 찾으려고 하는 것은 효과를 보지 못한 채 소중한 시간만 흘려보내는 것이다. 부모와 치료사가 살을 맞대고, 눈을 마주치고, 사랑과 행복의 감정들을 나누며 치료를 해야 한다. 그래야 치료가 이루어진다.

A – Attachment(애착)

아이에게 첫 번째 사람은 바로 '엄마'다. 아이와 엄마의 안정적 신뢰 관계를 '애착'이라고 한다. 이 애착이 건강하게 형성되지 못하면 아이는 사람과 사물에 대한 기본적인 신뢰감을 형성하지 못한다. 엄마는 아이가 사람들을 신뢰하고 관계를 맺게 해주는 연결다리다. 엄마와의 신뢰 있는 관계 속에서 애착이 안정적으로 형성되면 사람에 대한 기본적인 신뢰감이 형성된다.

"엄마는 나에게 관심을 보이면서 나를 사랑해준다."

"내가 원할 때 곁에 있어준다."

"내게 필요한 것을 채워준다."

이렇게 아이와 엄마의 관계가 건강하게 형성되면, 아이는 엄마와 같은 사람에게도 관심을 보이기 시작한다. 엄마와의 관계가 친밀한 것처럼 다른 사람과도 친해지려고 탐색을 한다. 다른 사람과 눈을 맞추고, 그 사람의 표정과 모습을 살핀다. 얼굴을 보고 익숙해지면 미소로 친밀함을 나타내기도 한다.

안정된 애착 형성은 사람과 사물에 대한 기본적인 신뢰감을 형성한다. 애착이 안정되지 않으면 사람과 사물을 신뢰하지 못한다.

사물에 대한 신뢰감을 형성하지 못하면 익숙한 것 외에는 거부감을 드러낸다. 옷도 입던 옷만 입으려고, 하고 집에 갈 때도 가던 길로만 간다. 파란색 옷만 입으려고 하고, 어릴 적부터 쓰던 손수건을 계속 들고 다닌다. 자동차만 가지고 놀고, 모래놀이에는 관심을 보이지 않는다. 관심과 활동 범위가 제한적이기 때문에 자연스럽게 반복적인 행동만 한다. 문을 계속 여닫고, 불을 껐다 켰다 한다. 물건을 엎었다 담기를 반복한다.

I－Interaction(상호작용)

자폐아동이 사람들과 다양한 상호작용을 하면 자폐증은 치료될 수 있다. 물론 말처럼 쉬우면 얼마나 좋을까? 사실, 자폐아동이 사람에게 관심을 두고 상호작용을 하도록 해주기가 쉽지 않다.

"사람에게 관심을 가져라."

"친구랑 놀아야지."

"엄마아빠 좀 봐."

이렇게 수없이 이야기해준다고 해서 아이에게 사람에 대한 관심이 생길까? 잔소리에 불과할 것이다. 타인에게 관심을 두고 관계를 형성하는 것은 쉽게 말하면 '사회성이 생기는 것'이다. 사회성의 기초는 가족과의 활발한 상호작용에 달려있다.

상호작용은 말 그대로 말이나 행동 등이 사람들 사이에서 오고 가는 것이다. 신뢰 있는 관계를 토대로 서로에게 활발하게 반응하는 것이다. 엄마가 아이에게 일방적으로 다 해주는 것도 아니고, 시키는 것도 아니다. 아이도 자신과 같은 인격체로서 엄마를 대하도록 주도적으로 유도하는 것이다.

아이에게 상호작용을 설명해주는 데에는 공놀이가 적당하다. 엄마는 공 하나를 두고서 아이가 같은 행동을 하도록 유도한다. 엄마가 던지고 아이가 받고, 아이가 던지고 엄마가 받는다. 아이가 발로 차고, 엄마도 발로 찬다. 이렇게 어떤 행위가 두 사람 사이에서 일방적이지 않게 오가는 것이 올바른 상호작용의 예이다.

단순히 뭔가를 지시하거나 시키는 것에서 벗어나 구체적으로 상호작용을 해야 한다. 그럼으로써 자폐아동이 주체적으로 생각할 수 있도록 해주어야 한다. 엄마가 아이의 몸을 마사지해주다가 아이에게 엄마의 몸을 주물러달라고 요구할 수 있다. 엄마가 아이에게 간지럼을 태우다가 아이에게 엄마를 간지럼 태워달라고 하는 식이다. 아이가 간지럼을 태우면 엄마는 깔깔깔 웃으며 격하게 반응해준다.

반응성 애착장애

반응성 애착장애는 일차 양육자와의 애착이 불안정하게 형성되어 사람과 사물에 대한 기본적인 신뢰감을 잃은 발달장애다. 그러나 반응성 애착장애 아동은 자폐아동과 매우 비슷하며 두 가지 장애를 구분하기는 쉽지 않다. 점차 '자폐증'으로 대체되었던 반응성 애착장애는 〈DSM-5〉 개정을 통해 자폐성 장애로 통합되었다.

이런 상호작용을 통해서 자폐아동은 조금 더 주도적인 관계 형성을 경험하게 된다. 이런 경험이 반복되면서 다른 사람과 놀이를 하는 데 흥미를 느끼고 자신감도 생긴다. 자발적으로 다른 사람의 관심과 흥미를 유도하려고 한다. 활발한 상호작용! 자폐아동 치료의 아주 중요한 원리다.

CHAPTER 8

자폐 치료의 핵심 전략

언어치료는 엄마가 해야 한다

아이의 재잘거리는 말소리만큼 엄마의 마음을 기쁘게 하는 것이 있을까? 아무리 육아가 힘들더라도 아이의 재잘거리는 소리를 들으면 육아의 시름이 싹 씻긴다. 아이가 빨리 말을 했으면 하는 것이 부모의 바람이기 때문이다. 그래서 아이의 말이 늦으면 걱정을 하고, 상담을 받으려고 한다. 언어발달은 다른 발달보다도 확연히 눈에 띈다. 그래서 언어가 느리면 아이의 발달에 문제가 있나 생각하게 된다.

단순히 말만 느린 경우는 많지 않다. 아이에게 각 발달은 서로 긴밀하게 연결되어있다. 인지가 안 되는데 말을 잘한다면 단순 암기에 의한 언어일 수 있다. 사회성이 좋은데 친구들과 잘 논다면 깊이 있는 또래 관계를 형성한 것이 아니라 단순히 어울리는 것일 뿐이다. 건강한 언어는 모든 발달이 균형 있게 이루어진 다음에 가능한 것이다.

말만 많이 시키거나 언어치료를 받게 한다고 말을 잘하게 되는 것이 아니다. 겉으로 드러나는 언어에만 집중하다 보면 숨어있는 감각 발달의 문제가 더 심해질 수 있다. 결과적으로 균형 있는 발달을 해치고 건강한 언어발달을 이루기 어렵다. 한 마디가 나와도 건강한 말이 나와야 한다. 그러다 보면 건강한 언어발달은 자발적으로 이루어진다.

책이나 낱말 카드는 하루에 10분 이상 사용하지 않는 것이 좋다. 아예 없어도 괜찮다. 엄마를 마주 보고, 사람과 자연을 바라보며 아이가 말을 하게 하라.

우리 아이가 건강한 수다쟁이가 되려면 건강한 양육 환경이 무엇인지 알아야 한다. 제대로 알아야 한다. 언어발달의 열쇠는 엄마아빠가 가지고 있다. 그 열쇠가 무엇인지, 어떻게 사용해야 하는지, 열쇠 구멍이 어디 있는지 잘 알아야 우리 아이들의 말문이 트일 수 있다.

엄마의 언어 자극이 중요하다

아이가 엄마의 배 속에 있을 때부터 처음 청각이 발달할 때까지 가장 익숙하게 들었던 목소리가 바로 엄마의 목소리다. 그러니까 아이에게 친숙하고, 편안함을 주는 소리가 엄마 목소리인 것이다. 그래서 아기는 엄마 목소리에 크게 반응한다. 엄마와 함께 있다는 것을 엄마의 목소리를 통해 확인할 때 편안함을 느낀다. 그렇게 아기는 엄마 목소리를 듣고 싶어 한다. 듣고 싶은 엄마 목소리에 귀 기울이고 생각하면서 언어를 알아간다. 엄마의 표정과 감정을 함께 느끼면서 언어의 의미를 더욱 확장해간다.

그러므로 엄마로부터 받는 언어 자극의 양이 아이의 언어발달 속도를 좌우한다. 엄마가 상냥하고 사랑스러운 목소리로 아이와 스킨십을 하면서 다정하게 말을 걸어주는 것보다 좋은 언어치료는 없다.

아이가 사람의 말소리에 관심을 보여야 한다

우리 주변에는 참 많은 소리가 있다. 그만큼 우리 아이들은 불필요한 소리들에 노출되기 쉽다. 자폐아동들 중에는 엄마가 부르면 반응이 없다가 TV 소리에는 냅다 뛰어가 반응하고, 지나가는 소방차 소리에 눈이 초롱초롱해지는 아이들이 있다. 주변의 다양한 소리 중에서 사람 말소리에는 관심이 없고, 선택적으로 다른 소리에만 더 관심을 두고 들으려 한다.

이럴 경우 언어를 이해하는 능력이 향상되지 않고, 언어발달도 이루어지지 않는다. 매일같이 영어 방송을 들어도 그 의미를 이해하지 못하면 영어 실력이 제자리인 것처럼 말이다. 자폐아동이 사람의 말소리에 집중하도록, 그 말소리를 모방하도록 해주어야 한다. 주변 사람들이 무슨 행동을 하면서 무슨 말을 하는지, 어떤 상황에서 어떤 말을 하는지 보면서 생각할 수 있도록 해주어야 한다.

다양한 감각적 경험이 있는 언어를 경험해야 한다

사과를 눈으로 보고 "사과"라고 계속 말해주면 아이는 어느 순간

‘사과’라는 말을 알게 된다. 그렇지만 이렇게 시각과 청각에 의한 자극만 준다면, 단순히 사물을 명명하는 식의 언어적 사고를 하게 된다. 사과를 들어 보고 ‘무겁다’라는 것을 알고서 말하기는 어렵다. 물건을 손으로 만져보고, 그 촉감, 질감, 부피감을 알아야 ‘부드럽다’, ‘까칠까칠하다’, ‘크다’, ‘작다’ 같은 언어 표현을 알 수 있다. 물건을 손으로 들어보고 떨어트려봐야 ‘무겁다’, ‘떨어졌다’, ‘깨졌다’, ‘망가졌다’ 같은 표현을 습득한다. 이러한 경험이 부족하다면 언어의 확장이 어지고, 언어를 제한적으로 사용하게 된다.

언어 자극은 흥미롭고 재미있게

언어는 아이들이 제 시기에 이루어야 하는 높은 수준의 발달 과업 중 하나다. 그러므로 이 어려운 과제를 성공적으로 이루기 위해서는 언어적 상황이 최대한 재미있고 흥미로워야 한다.

어려운데 재미까지 없으면 당연히 더 안 하려고 할 것이다. 웃으면서 상냥하게, 아이와 놀면서 언어 자극을 주어야 한다. 공부하듯이, 가르치듯이 하는 언어 자극은 오히려 독이 되기도 한다.

언어는 의사소통 수단으로 사용되어야 한다. 강아지는 강아지의 언어로 소통을 한다. 돌고래는 우리가 들을 수 없는 초음파로 소통을 한다. 사람은 사람들 사이에서 소통하기 위해 언어를 사용하고, 언어를 발달시킨다.

자폐아동 중에는 의사소통의 수단으로 언어를 습득하기보다 자신이 좋아하는 그림이나 문자를 언어로 사용하는 경우가 많다. ‘주세요’,

‘싫어’, ‘좋아’라는 말은 못하면서 ‘자동차’, ‘기차’, ‘로봇’ 같은 말은 잘 하기도 한다. 물론 혼잣말을 더 자주 한다. 자기의 요구 사항, 감정 등을 전달하고 표현하기 위해 언어를 사용하도록 유도해주어야 한다.

또한 언어적 사고가 활발해지도록 유도해주어야 한다. 외워서 말하는 것만으로는 언어발달에 한계가 있다. 아이에게 ‘왜?’ ‘어떻게?’라는 질문을 하면, 아이는 바로 대답을 못하더라도 그 과정에서 언어의 뜻을 이해하고자 노력하게 된다. 머릿속에서 언어의 의미를 생각하는 것이다. 꼭 대답할 수 있는 단순한 질문을 하는 대신 새로운 질문, 새로운 말을 해 주면서 아이가 좀 더 폭넓게 언어적 이해를 하도록 도와주어야 한다.

그러나 과도하고 편중된 언어 자극은 아이에게 부작용을 일으킨다. 학창 시절 부모님이 “공부해라, 공부해라” 하면 공부가 더 하기 싫어지던 경험이 있을 것이다. 우리 아이들도 “말해봐”, ”따라해봐”, “이게 뭐야?” 하고 계속 말을 시킨다면 언어적 상호작용에 흥미를 보이기는커녕 오히려 거부감이 들 것이다. 자폐아동 중에는 이런 경우가 많다. 신나게 잘 놀다가도 교사가 말을 조금 시키려고 다가가면 얼굴을 홱 돌린다든지 하면서 싫은 내색을 역력하게 보인다. 자꾸 말만 시키니까 흥미가 없어지고, 언어적 상황에 거부 반응이 생긴 것이다. 언어발달에 이것만큼 안 좋은 상황이 없다. 최대한 자연스럽고 재미있는, 자발적인 언어적 환경 조성을 위해 노력해야 한다. 아이가 대화를 통해 스스로 생각하고 적절한 사회적 행동을 습득할 수 있게 해야 한다.

- **주변 사람들과 관련된 질문을 아이에게 많이 하자.**

  "엄마는 지금 어디에 있어? 우리 지금 어디 갈까?", "아빠는 지금 뭐 하고 있지?", "친구는 뭐 먹고 있어? 옷은 어떻게 입고 있어?", "친구 머리 위에 뭐가 있어?"(모자, 머리핀, 헤어밴드 등을 가리킨다), "이건 누가 만들었어?", "친구가 우네. 왜 울지? 어떻게 해야 할까?", "집에 가면 누가 있지? 어린이집 가면 누가 있지?", "오늘 누구랑 놀았어? 누구랑 무슨 놀이 했어?", "누가 좋아? 누가 보고 싶어?" 같은 질문을 아이에게 많이 하자.

- **감정과 느낌에 관해 아이와 대화를 하자.**

  "엄마는 지금 기분이 좋아.", "엄마가 속상해.", "엄마는 ○○랑 노니까 정말 재미있어.", "행복해." 같은 말을 하면서 아이와 대화를 시도한다.

- **아이가 느끼는 기분과 감정에 공감해주자.**

  아이의 공감 능력은 부모에 의해 향상될 수 있다.

  "그랬구나.", "속상했구나.", "기분이 좋았구나.", "또 하고 싶었구나.", "먼저 하고 싶었구나.", "힘들었지?" 라고 말하면서 아이의 기분과 감정에 공감해주자.

- **좋은 관계를 형성하는 데 필요한 말을 부모가 먼저 해야 한다.**

  "고마워.", "미안해.", "같이 하자.", "먼저 해.", "괜찮아.", "기다릴

게.” 같은 말을 부모가 먼저 아이에게 해주어야 한다.

• **표정놀이를 하자.**

“(웃는 얼굴, 화가 나고 찡그린 얼굴, 슬픈 얼굴로) 엄마 기분이 어떤 거 같아?”, “○○는 어떨 때 기뻐?”, “그랬구나. ○○는 그때 슬픈 기분이 들었구나.”라고 하면서 아이와 표정놀이를 한다.

• **아이가 잘못을 했을 때 그 이유를 들어보자.**

“왜 그랬어?”, “○○가 그러면 속이 상해.”라고 아이에게 말하면서 왜 그런 잘못을 했느냐고 물어보자.

• **아이가 창의적으로 생각하거나 새로운 말을 했을 때,**
  친구에게 적극적으로 행동했을 때 그에 대해 이야기를 하자.

“우와! 진짜 잘했어.”, “멋지다.”, “최고다.”, “어떻게 그런 생각을 해냈어?”, “장하다.”, “역시 우리 ○○는 대단해.”, “훌륭해.” 같은 말을 하면서 칭찬해준다.

• **잠자기 전에 아이와 이야기를 나누자.**

“○○야~ 오늘은 엄마가 설거지하다가 그릇이 깨져서 속상했어. 사람은 살다 보면 실수할 때가 있거든. 우리 ○○도 실수한 적 있지? 언제 그랬지?”, “오늘은 엄마아빠가 좀 다퉜어. 서로 생각이 달랐거든. 그래서 좀 화가 나서 소리가 커졌는데, 엄마아빠는 그래도 서로를 이해하도록 노력할 거야. ○○ 아빠는 정말 훌륭한 분이야. 우리 ○○도 아빠처럼 멋진 사람 되세요!", "오늘은 우리 ○○가 엄마를 도와줘서 기분이 너무 좋았어. 행복했어. 고마워. 사랑해.", "우리 지금 코~ 자고 내일은 신나게 재미있게 놀자! 잘 자!"라고 아이에게 말을 걸면서 이야기를 나누자.

허그 테라피와 터치 테라피

엄마와 아이의 포옹, 그 모습은 보는 것만으로도 흐뭇하고 감격스럽다. 내 아이를 안을 때 느끼는 행복감은 부모만이 누릴 수 있는 특권 중의 특권이다. 아이를 길러보지 못한 사람은 느낄 수 없는 특별한 것이다.

사랑하는 사람들은 서로를 껴안는다. 사랑하면 자꾸 껴안고 싶다. 사랑은 곧 '껴안기'다. 사랑은 추상적인 개념이다. 사랑의 뜻을 구체적인 이미지로 나타내기란 어렵다. 그렇지만 사랑을 눈에 보이는 이미지로 표현한다면 껴안는 모습이 아닐까? 이 껴안기는 치료적으로도 매우 효과가 있다. 다른 말로 '허그'나 '포옹'이라고 하는 이런 스킨십의 긍정적 효과를 이미 깨닫고 실행하는 사람도 많다.

그 수많은 효과들 중에서 특히 자폐아동에게 미치는 효과는 더욱 놀랍다. 수많은 자폐아동들을 내 몸으로 수백 번, 수천 번 껴안으면서 깨달았다. '더욱 자주 많이 껴안아야 한다'라고 그 아이들이 나에게 말해주는 것 같았다. 아이들을 껴안을 때마다 더 그들의 마음과 생각을 읽을 수 있었고, 그러면서 소통이 시작되었다.

생애 최초의 껴안기

태아는 엄마의 자궁 안에서 동그랗게 껴안아진 형태로 성장한다. 엄마 배 속에서 생존에 필요한 기능을 갖추고, 움직이고, 발길질도 하고, 노는 법을 터득한다. 그렇게 40주간 눈에 보이지는 않지만 배 속에서 껴안아져있다가 이 세상에 나온다. 자궁에서 세상 밖으로 나올 때는 더 강한 껴안기가 행해진다.

엄마의 좁은 질을 빠져나오는 동안 아이는 신체의 구석구석이 강하게 접촉된다. 머리부터 어깨, 팔, 엉덩이, 다리, 발가락 할 것 없이 엄마의 질에 의해 마사지를 받는다. 강한 눌림과 압박과 접촉을 경험한다. 아기 스스로도 그런 접촉을 통해 자기 몸을 움직이고 조절하며 엄마의 산도를 빠져나온다. 껴안기를 통해 신체를 조절하는 능력을 갖추는 것이다. 아기는 자신의 몸을 산도의 크기에 맞게 구부리고 비튼다. 앞으로 나가기 위해 몸을 쭉 내민다. 이것만큼 혹독한 탈출 훈련이 있을까? 아기는 그렇게 위대한 경험을 하고 이 세상에 태어난다.

이렇게 자연분만을 통해 압박과 울림을 경험한 아이일수록 더 건강하고 지능이 높다는 연구 결과도 있다. 이스라엘의 연구 팀이 17세 청소년 3만 명을 조사한 결과, 자연분만으로 태어난 아이들은 제왕절개로 태어난 아이들보다 지능지수가 평균 2점 높았다.

드라마에서는 연인이나 부부가 껴안는 모습을 쉽게 볼 수 있다. 조금 전까지 소리를 지르고 격렬하게 화를 내던 사람들도 포옹을 함으로써 서로의 긍정적인 마음을 확인할 수 있다는 것은 사실이다. 피아노를 배우거나 발레를 배울 때도 선생님이 함께 페달을 밟고 허리를

감싸 안아줄 때 올바른 자세를 익힐 수 있다. 노래를 배울 때도 선생님이 배를 꾹꾹 눌러줘야 배에 힘이 들어간 기억을 되살리며 큰소리로 노래를 부를 수 있다.

이것이 바로 껴안기다! 껴안기의 효과다! 사랑하는 사람들 간의 불통을 소통으로 바꾸는 기술이 껴안기이다. 이 방법은 자폐아동에게도 매우 효과적이다. 껴안을 때 전해지는 따뜻함과 압박은 자폐아동의 자극 충동을 감소시켜주는 효과가 있다. 또한 촉각방어를 없애주면서 사람들의 애정을 확인하게 한다. 감정을 자연스럽게 표현하도록 도와주면서 위로까지 해준다. 이 모든 것이 바로 껴안기의 효과인 것이다.

템플 그랜딘 또한 따뜻함과 압박이 자폐아동의 이상 충동을 줄이는 효과가 있으며, '압착기'라는 포옹 기계를 통해 정서적 안정을 찾을 수 있었다고 주장했다. 실제로 미국 시카고의 이스터 치료 학교에서 어린아이들에게 압착기를 실험한 결과, 차분함과 운동반응 억제 능력이 개선된 것을 확인했다.

껴안기는 우리 기관에서 약 20년 전부터 사용했던 방법이다. 껴안기의 효과와 방법을 설명하자면 책 한 권을 따로 내야 한다. 그만큼 효과가 크고, 나 또한 자폐아동을 치료하며 그 효과를 경험했다. MBC 〈생방송 특별한 아침〉(2006년 4월 3일 자 "당신의 아이가 위험하다. 비디오증후군")에 껴안기의 효과가 소개되기도 했다.

온종일 TV를 보면서 빨대를 쥐고 있는 10살 남자아이가 그 방송의 주인공이었다. 아이는 빨대를 뺏기면 바닥에 눕고 소리를 지르는 등 공격적인 모습을 보였다. 우리 기관에 방문하자 치료사 선생님이 직접 뒤에서 아이를 껴안았다. 아이는 큰 소리를 지르며 울고 버둥거렸지만 '엄마', '도와주세요' 같은 의미 있는 말은 전혀 하지 않았다. 그런데 껴안기가 끝난 후 아이가 잠잠해지더니 주춤주춤 선생님에게 가서 안기려 했다. 껴안기가 끝난 후에도 다시 선생님께 다가가 안기며 미소를 지었다.

방송을 취재한 리포터와 방송을 진행했던 아나운서들 모두 놀란 기색이 역력했다. 잠깐 만난 사람이 껴안기를 했다는 이유로 다가가 안기고 미소를 지었기 때문이다. 자폐아동은 사람에게 관심을 적게 보인다. 그리고 낯선 사람과는 관계를 형성하지 못한다. 이렇게 짧은 시간에 반응을 이끌어내는 관계를 형성했다는 것은 정말 놀라운 일이다. 껴안기는 신기한 치료적 마력이 있다. 흔히 쉽게 말하는 스킨십, 포옹, 접촉의 효과인 것이다.

자폐아동들 중에는 힘 조절이 잘 안 되는 경우가 많다. 공을 세게 던지라고 했는데, 힘이 약해 공이 툭 하고 떨어진다. 손에 아귀힘(악력)이 부족한 경우도 많다.

'세게', '약하게'를 아이에게 어떻게 이해시킬 수 있을까? 그림이나 말로 '세게', '약하게'를 어떻게 표현할 것인가? 힘은 무조건 접촉에 의해 알 수 있다. 신체를 통해 힘을 느껴봐야 안다. 엄마가 나를 안아 주며 느꼈던 힘, 아빠가 내 손을 잡고 내 팔을 끌어줬을 때 느꼈던 힘, 엄마가 아이의 배와 겨드랑이, 목덜미를 누르고 간지럼 태우면서 느꼈던 눌림과 압박, 이런 접촉 경험들이 아이의 힘 조절 능력의 기초가 된다.

껴안기의 효과

- 진한 스킨쉽을 통해 사람에 대해 관심을 가지게 되고 관계를 형성한다.
- 신체의 감각신경에 자극을 주어서 뇌의 발달을 돕는다. 압박감, 진동감은 감각통합에 매우 좋다.
- 신체 조절. 근육과 관절의 긴장이 이완되고 조절 능력이 향상된다.
- 감정을 조절하고 정서적으로 안정감을 느낀다.
- 자기 신체를 인식할 수 있다.
- 울음을 통해 언어발달에 필요한 호흡과 발성을 훈련한다.
- 고집을 피우고 떼를 쓰는 것이 조절된다.
- 고집 때문에 생기는 언어발달 지연을 해결한다.
- 상대방의 의도를 파악할 수 있다. 지시 사항을 따를 수 있다.
- 집중력을 향상시킨다.
- 손 사용이 민첩해지고, 몸의 움직임이 세련되어진다.
- 엄마 또는 선생님의 권위를 이해한다(아이가 왜 어른들의 말을 들을까? 자기보다 힘이 세기 때문이다).

껴안기, 언제 해야 할까?	왜 하는 것일까?
• 혼자 멍하니 있을 때 • 너무 혼자서만 놀 때 • 불러도 반응하지 않을 때 • 훈육할 때 • 너무 긴 울음을 조절할 때 • 상동 행동을 중재하기 위해 주위를 환기시킬 때 • 너무 심하게 고집을 부릴 때 • 울고 떼를 쓸 때 • 이유 없이 계속 우는데 조절이 안 될 때 • 혼자서 웃을 때 • 다른 사람을 때릴 때(물거나 꼬집을 때) • 새로운 것을 경험하기를 거부할 때	• 신뢰 있는 관계를 형성하기 위해 • 타임 아웃(아이의 문제 행동을 멈추게 하는 훈육법) • 새로운 상황으로 주위를 환기하기 위해 • 감각 신경을 일깨워서 주변 자극에 반응하기 위해 • 적절한 감정 표현을 경험하기 위해 • 엄마의 말에 집중하고 이해하도록 돕기 위해 • 눈을 맞추고, 사람 얼굴을 인식하는 것을 돕기 위해

얼마나 해야 할까? 정답은 없다! 하루에 1~3회, 한 번에 5분 정도!

언제, 어떻게 마무리해야 할까?
• (거세게 울던 아이라면) 울음소리가 조금 누그러질 때 • (울지 않던 아이라면) 들릴 정도의 소리로 울음을 터뜨릴 때 • 버둥거리고 때리고 꼬집는 행동을 멈췄을 때 • 아이가 엄마의 의도를 파악하려고 눈 맞춤을 하거나 언어적 표현을 할 때

공공장소에서는 되도록 하지 않는다!
공공장소에서 떼를 쓴다면 손끝 마사지로 조절한다!

누가 내 팔을 세게 쳤던 경험, 무엇에 의해 내 몸이 밀렸던 경험, 내가 주먹으로 점토를 쳐서 그 모양이 바뀌었던 경험 등 이런 수많은 접촉 경험들이 있어야 '힘이 세다', '힘이 약하다'를 자연스럽게 이해할 수 있다.

아이가 고집을 피우고 떼를 쓴다. 뒤로 자빠지고 소리를 지르니 감당을 할 수 없다. 아이가 원하는 대로 해줘도 한번 기분이 상하면 쉽게 풀리지 않는다. 이럴 때도 껴안기가 필요하다. 자폐아동은 우리가 파악할 수 없는 이유 때문에 울고 소리를 지를 때가 있다. 아이가 말로 표현하면 알아차릴 수 있겠지만, 자폐아동은 대개 언어적 의사표현이 서투르다. 간혹 언어 표현이 양호한 자폐아동이라도 자기 감정 표현은 서투른 경우가 많다. 왜 그런지, 어떻게 해야 하는지 스스로 깨닫고 표현하지 못한다. 그래서 갑자기 아이가 떼쓰고 우는 상황은 부모에게도 난감하다. 원하는 것이 뭔지 모르니 바르게 대응해 주기가 어렵다.

그렇게 울고 떼쓰는 아이에게 좋아하는 과자를 쥐어주거나 스마트폰으로 만화를 보게 해준다면 그 상황은 일단 마무리될 것이다. 그렇지만 아이는 무엇을 배울까? '울고 떼쓰면 내가 좋아하는 과자를 주는구나', '내가 보고 싶은 만화를 보여주는구나'라고 생각할 것이다. 좋아하는 것을 얻기 위한 수단으로 울고 떼쓰는 행동을 강화시킨다. 이럴 때 껴안기를 해야 한다.

자폐아동이 알 수 없는 무엇인가가 못마땅해 울기 시작했다. 다른 것으로 관심도 유도해 보고, 달래도 봤지만 소용이 없다. 지금부터 껴안기를 한다. 약 3~5분 동안 시행한다. 아이는 껴안긴 상태에 불편함을 느낀다. 그러면서 점점 아이가 울고 있는 원인은 껴안기로 바뀐다. 아이는 껴안기가 답답하고 불편하다고 느끼는 것이다. 그러면서 점점 무엇 때문에 자신이 울기 시작했는지 잊는다. 그리고 껴안기가 끝나면 불편했던 상황이 끝나니까 아이도 울음을 그친다.

이런 사례는 수없이 많다. 엄마와 있는데도 아이의 울음이 30분이 넘도록 그치지 않는다. 해결이 안 되니까 어머님이 도움을 청했다.

내가 약간 미소 지은 얼굴로 아이를 껴안았다. 3분 정도 지나자 아이의 울음이 그쳤다. 어머님도 신기해하시면서 감사를 표현했다.

나는 아이들에게 껴안기를 자주 한다. 치료적 효과를 알기에 더욱 힘써서 한다. 껴안기를 할 때면 그 아이에 대한 애정이 더 커진다. 이 아이가 더 좋아지고 발전하기를 바라는 마음, 말을 하게 되었으면 하는 소망이 더 뜨거워진다. 아이를 더 사랑하게 되며, 아이와 함께하고 싶다는 열정이 생긴다.

껴안기는 자폐아동을 양육하는 부모와 자폐아동들을 치료하는 치료사 모두에게 꼭 필요하다. 양육은 어느 엄마에게나 쉽지 않다. 아이가 자기 생각을 표현하고 자기 뜻대로 하려고 할 때, 즉 말을 몹시 안 들을 때가 있다. 이럴 때면 한 대 쥐어박고 싶은 생각이 왜 안 들겠는가? 한숨이 푹푹 나고, 화가 머리끝까지 솟구칠 때가 왜 없겠는가? 특히 자폐아동과는 소통이 잘 안 되기 때문에 함께하는 것이 정말

어렵다. 이럴 때 아이를 꽉 안아주는 엄마는 아이에 대한 분노를 누그러뜨리고 이성을 되찾을 수 있다. 좀 더 차분하고 일관적으로 훈육을 할 수 있다.

부부가 왜 친한가? 함께 오랜 시간을 보내서일까? 그렇다면 주중에 함께 지내는 회사 동료는 부부보다 더 친할까? 그렇지 않다. 부부는 진한 스킨쉽, 부부관계, 포옹, 키스 등의 접촉을 하기 때문에 가까운 것이다. 30여 년 동안 나를 낳고 키워준 부모보다 3년을 살았어도 부부 사이가 더 긴밀한 것은 이 때문이다. 서로를 자주 껴안는 것의 효과 때문이다. 아이와 친해지려면 껴안기를 해야 한다. 자폐아동의 치유에서 친화 관계 형성은 매우 중요하고, 이와 관련하여 특히 껴안기만큼 효과적인 것이 없다.

두드리고 밀고 당기고⋯ 터치의 놀라운 효과

엉덩이 주사를 맞아 봤는가? 간호사는 주사를 놓기 전 엉덩이를 탁탁 때린다. 엉덩이 주변 근육을 풀어 주사액이 뭉치지 않고 잘 주입될 수 있도록 하기 위해서다.

이와 비슷한 방법으로 조금은 독특한 치료법이 있다. 터치 테라피가 바로 그것이다. 우리 기관에서는 이 치료를 30년간 지속했다. 직접 손으로 아이의 맨살을 두드리고, 등과 배도 탁탁 두드린다. 배를 꾹꾹 눌러서 마사지한다. 입술 주변을 만져주고, '엄마아빠'라는 말을 하도록 유도한다. 손과 발바닥도 탁탁 두드리고 주먹으로 압박을 준다. 이렇게 하루에 약 100여 명의 아이들을 손으로 터치한다.

모르는 사람이 보면 굉장히 낯선 광경이다. 아이를 때리는 것 아니냐고 오해하는 사람들도 많았다. 예전에 누가 제보를 했는지 한 시사 프로그램에서 촬영을 온 적도 있었다. 방송국 관계자들이 방문해서 전체 진행 과정을 모두 보고 관찰했다. 하지만 촬영을 마치고는 전혀 문제가 없다고 판단했는지 방송이 되지는 않았다.

터치 테라피는 어떻게 생겨났을까? 나보다 1살 많은 언니는 생후 3일 만에 급성황달로 소뇌에 손상을 입었다. 병원에서는 죽지 않더라도 심한 뇌성마비장애가 올 것이라고 했다. 청천벽력 같은 소식에 부모님은 얼마나 눈앞이 깜깜하셨을까? 시간이 지날수록 언니는 발달 과정에서 문제를 보이기 시작했다. 앉는 것도 늦었고, 잘 앉아있다가도 갑자기 뒤로 넘어갔다. 잘 걷지도 못했다. 잘 엎어지고, 잘 떨어트리기 일쑤였다. 부모님은 이런 언니를 어떻게 치료할 수 있을지 연구하고, 관련 책들을 보며 끊임없이 공부했다.

다행히 부모님은 1988년 《동의보감》의 '추나요법'에서 힌트를 얻었다. 환자의 살을 두드리고 밀고 당기는 민간요법이다. 문어처럼 늘어진 팔다리에 자극을 주어 근육을 긴장시키는 원리다. 그렇게 함으로써 바로 서고, 붙잡을 수 있게 하는 것이다. 터치 테라피를 시작하자 언니는 점점 다리에 힘이 생겨서 잘 걷게 되었다. 평지뿐 아니라 계곡을 걸을 때도 물살이 센 물줄기를 거슬러 올라갈 수 있을 정도로 균형을 잡고 힘을 줄 수 있게 되었다. 손의 악력도 세지고, 조절 능력도 좋아져서 스스로 물건을 잡고 조작하는 능력이 날이 갈수록 발전하였다. 이러한 소문이 돌더니 1991년 〈국민일보〉를 통해 이 이야기가 소개되었다. 그러자 여기저기서 사람들이 몰려오기 시작했다. 뇌성마비, 다운증후군, 자폐아동 들이 와서 치료 교육을 받고자 했다.

1992년, 멀리 인도에서 한 아이가 왔다. 아이의 이름은 모힛이었다. 모힛의 아버지는 《당신의 손 안에 건강이(Health in Your Hands)》라는 책을 선물했다. 책의 저자인 디벤드라 보라 또한 손으로 피부를 만져주고 자극을 주는 것이 옛날부터 뇌를 일깨우는 방법이라고 주장한다. 뉴욕 주립대학의 간호학 교수인 돌로레스 크리거 역시 〈미국 간호저널(American Journal of Nursing)〉을 통해 "인간의 몸 안에는 스스로 병을 이기는 신비한 요인이 있는데, 피부의 접촉이 이 요인을 작동시킨다"고 밝힌 바 있다.

처음에는 아이들에게 5분 정도 터치를 해주었고, 지금은 1분 정도 한다. 처음 10초 정도는 가볍게 탁탁 치고, 두 번째로 복부를 만지며 내장 마사지를 해준다. 세 번째로 등 마사지, 네 번째로 손과 발을 만져서 자극을 준다. 과학적으로 보면 대뇌피질의 중심인 일차 체성 감각을 일깨워주는 것이다.

체성 감각은 몸감각이라고 이해할 수 있다. 그러니까 온도감각, 진동감각, 통증감각, 관절을 움직이면서 골격근을 움직이는 고유감각 등을 아울러 체성 감각이라고 한다. 신생아가 출생할 때도 피부에 압박감(pressure)을 강하게 받으면서 이 세상에 힘겹게 나온다. 세상에 나온 후에는 온몸을 엄마와 접촉하면서 감각적 적응력을 발달시킨다.

이러한 터치는 일주일에 3회 시행한다. 모든 아동이 이와 같이 터치 테라피를 받는다. 간혹 편견이 있거나 잘 모르는 부모들은 터치 테라피를 보면서 피하거나 거부하는 경우도 있다. 하지만 오히려 의사인 부모들은 이러한 테라피가 과학적인 근거가 있음을 알고 적극적으로 참여한다. 서울대학교 의대 출신의 재활의원 원장과 소아신경전문의 등이 이 프로그램의 치료적 효과를 이해하고 한 번도 빠짐없이 줄을 서서 참여하고 있다.

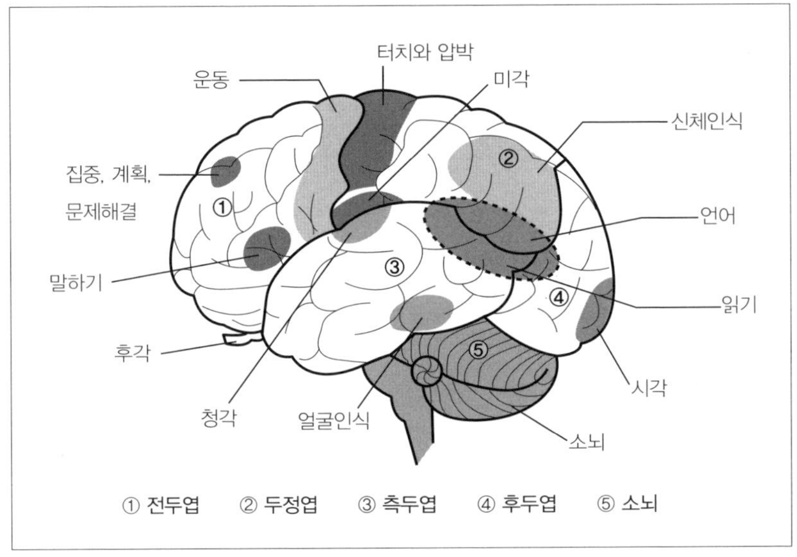

자폐성 장애는 뇌과학에 근거하여 프로그램을 연구하고 실시해야 합니다. 뇌 발달은 체성 감각 발달로 시작됩니다. 이것은 온몸으로 느끼는 감각이며, 위 그림과 같이 주로 터치(touch)와 압박감(pressure)에 의해 발달합니다. 몸으로 느끼는 이 체성 감각이 발달하지 않으면 뇌가 정상적으로 발달하지 못하면서 다양한 문제가 나타납니다. 따라서 반드시 터치와 껴안기를 통해 이 감각을 일깨워주어야 합니다.

　최근 몇 년 사이, 온몸을 터치하고 접촉하는 것이 영아 발달에 필요하다는 이야기를 많이 들을 수 있다. 심리학 박사인 브루스 페리에 따르면 접촉은 아이의 발달에 비타민처럼 중요한 역할을 한다. 뇌 기능 발달의 기본은 감각 자극과 그에 따른 운동신경의 반응이다. 대표적인 반응인 울음이 발달하고, 이 울음이 상황에 적응하면 옹알이, 의성어, 의태어, 손짓과 몸짓으로 발전하다가 마침내 언어로 발전한다.

자폐아동 중에는 잘 울지 않는 아이들이 많다. 울어도 자연스럽지가 않다. 이러한 아이들도 터치 테라피를 통해 울음이 터져 나온다.

터치 테라피를 받는 아동들은 한 달에서 3개월 사이에 대부분 눈 맞춤이 좋아진다는 말을 부모로부터 많이 듣는다. 눈 맞춤은 일차 체성 감각 발달에 영향을 받는다. 몸 감각에 자극을 받으면 뇌신경 반응에 따라 동공과 안구 운동에서 그 반응이 나타난다. 그리고 특정한 소리에 주의를 기울이고, 특정인에게 주의를 기울이며, 시각과 청각이 체감각과 함께 연합된다.

감각신경의 효과적인 자극인 역치(threshold) 효과가 나타나면 뇌의 지각 능력이 일깨워진다. 산만하여 몇 초간 주의를 집중하는 것도 못하는 아이들이 많다. 쉴 새 없이 왔다 갔다 오르락내리락 손을 털던 아이들이 터치 테라피를 통해 통제되고 억제된 상태를 경험한다. 뇌의 전두엽 발달은 자극에 대한 반응이 억제될 때 이루어진다. 그러니까 자극에 대한 반응이 억제될 때 비로소 생각을 하게 된다. 이전 경험과 새로운 자극에 대해 어떻게 반응할지를 생각하는 것이다. 이는 전두엽을 발달시키는 가장 기초적인 과학적 방법이기도 하다.

터치(Touch)의 사전적 의미는 '손으로 만지다', '손을 대다', '사물 등이 서로 닿다', '접촉하다'이다. 스마트폰의 기능이 터치에 의해 실행되는 것처럼, 아이들에게는 수많은 기능 또한 터치를 통해 살아난다. 잘 쓰지 않아 둔해진 능력들이 발견되는 것이다.

터치에는 '마음을 움직이다', '감동시키다'라는 뜻도 있다. 터치 테라피의 과정에서 아이를 울리는 이유도 자폐아동에게 현저하게 부족한 정서 발달을 돕기 위함이다. 자폐아동은 눈에 보이고 귀에 들리는 사실만을 받아들이는 데는 어려움이 없다. 그러나 생각이라는 과정을 거치면서 감정을 느끼거나 표현하는 것을 제대로 하지 못한다. 아이들이 울음을 통해 자기의 감정을 충분히 느끼고 표현할 수 있다면 자폐성향도 조금씩 없어질 것이다.

5세 이전의 아이들은 평균적으로 하루에 3번은 운다. 아파서 울기도 하고, 서운해서, 하기 싫어서, 원하는 게 있어서 등 다양한 이유로 하루에도 여러 번 울음을 터트린다. 반면에 자폐아동은 하루에 한 번도 울지 않는 경우가 많다. 아니, 한 달에 한 번도 안 우는 자폐아동도 있다. 우는 것 같지만 악만 쓸 뿐 눈물을 흘리지 않는 경우도 있다.

감정을 느끼는 신경계에 문제가 있는 것일까? 감정을 잘 느끼고 표현하지 않기 때문에 타인의 감정에도 공감하지 못한다. 자폐아동 중에는 다른 아이가 울면 귀를 막는다거나, 다가가 그 우는 아이를 때리고 꼬집는 경우가 많다. 우는 소리가 시끄럽다고 느낄 뿐, 그 우는 아이가 느끼는 슬프고 속상한 감정은 모르기 때문이다.

타인이 울면 슬프고 속상한 것은 누구나 저절로 깨우치는 것일까? 자폐아동의 행동을 보면 타인의 감정에 공감하는 것이 당연하지 않음을 알 수 있다. 한 번도 슬프고 속상해서, 억울해서, 화가 나서, 미칠 것 같아서 눈물을 쏟으며 울었던 경험이 없기 때문이다. 스스로 아픈 감정을 추슬렀던 상황에 처해야 '울면 기분이 어떻다'는 것을 알게 된다. 이런 공감능력과 감정을 발달시키는 데에도 터치 테라피는 매우 효과적이다.

터치 테라피의 효과

- 감각신경이 발달한다. 아픈 것을 모르던 아이가 아픔을 알고 울기 시작한다.
- 혈액순환이 개선된다.
- 각종 감각을 잘 수용한다.
- 세포 활성화로 단백질 흡수를 돕는다.
- 표정이 다양하게 살아난다.
- 말소리를 알아듣는다. 지시를 따른다. 언어가 발달한다.
- 잠을 잘 자고 식욕이 돋는다.
- 장운동이 활발해진다. 변비가 없어지고, 가스 배출이 원활해진다.
- 울음을 터트린다. 울음소리가 건강해졌다.
- 눈 맞춤이 좋아진다. 모방 능력이 생긴다.

성경에 나오는 껴안기/스킨쉽을 통해 일어난 치유의 기적들

엘리사가 수넴 여인의 아들을 살림(열왕기하 4:17–37)

엘리사가 주님께 기도하고 죽은 아이의 위에 올랐다. 자기 입을 아이의 입에, 자기 눈을 아이의 눈에, 자기 손을 아이의 손에 대고 그 몸에 엎드리니 아이의 살이 차차 따뜻해졌다.

엘리야가 사르밧 과부의 아들을 살림(열왕기상 17:17–24)

엘리야가 죽은 아이를 안고 다락에 올라갔다. 아이를 자기 침상에 누이고 주님께 부르짖어 기도했다. 그리고 아이 위에 몸을 세 번 펴서 엎드리고 또 부르짖어 기도하자 아이가 다시 살아났다.

바울이 유두고를 살림(사도행전 20:7–12)

유두고라는 청년이 창에 걸터앉아서 졸다가 그만 밖으로 떨어져 죽고 말았다. 바울이 청년 위에 엎드려 그 몸을 안고 생명이 있다고 말했다. 그러자 유두고는 다시 살아났다.

집에서는 몸놀이,
밖에서는 자연친화놀이

30분 몸놀이의 힘

많은 부모가 "집에서 아이를 위해 무엇을 할까요?"라고 묻는다. 나는 늘 "몸으로 많이 놀아주세요. 하루 30분 이상씩 매일이요"라고 답한다. 특히 어떤 일이 있어도 꼭 30분간 신나게 몸놀이를 하도록 강조한다. 바깥에서 체험하고 노는 것도 중요하지만, 집에서 30분간 몸놀이를 할 체력과 시간은 남겨두어야 한다.

'그게 그렇게 중요한가?'

'집에서는 학습을 시켜야 하는 게 아닐까?'

'너무 성의없는 대답 아닌가? 왜 당연한 걸 말하지?'

부모는 이런 생각을 하며 의아하다는 표정을 짓고 나를 바라본다. 하지만 대부분의 부모가 몸놀이를 하루 30분씩조차 하지 않는 경우가 많다. 그러나 만약 하루 30분씩 아이와 몸으로 부대끼며 신나게 논다면 짧은 시간에 자폐성향이 없어지는 것을 느낄 것이다. 그만큼 집에서 엄마아빠와 몸을 부대끼며, 서로 마주 보고 웃는 시간은 정말 중요하다.

이렇게 꾸준히 30분 이상 몸놀이를 하는 경우와 그렇지 않은 경우의 치료 결과는 크게 다르다. 하루 24시간 내내 같이 있는 것이 전부가 아니다. 아이는 엄마아빠와 깊은 상호작용의 순간을 원한다. 특히 엄마아빠가 자기에게 관심을 주기를 원한다. 다른 것이 아닌 아이 자신한테만 관심을 주기를 원한다.

우리가 어렸을 때 집에서 무엇을 하고 놀았는지 기억해보자. 엄마아빠의 몸이 놀이터였다. 엄마아빠의 배 위에 올라타고, 등에 타며 말놀이를 했다. 엄마아빠가 비행기 태워주는 날은 생일보다 더 신났다.

가위바위보를 하면서 꿀밤을 맞기도 하고, 온몸이 간지럼 태워질 때의 그 쾌감은 정말 행복을 만끽하게 했다. 이불을 깔고 함께 뒹굴기도 했다. 이불을 텐트처럼 만들고 오붓하게 그 안에 들어가서 놀았다. 특별한 게 없어도 이렇게 신나게 놀 수 있었다.

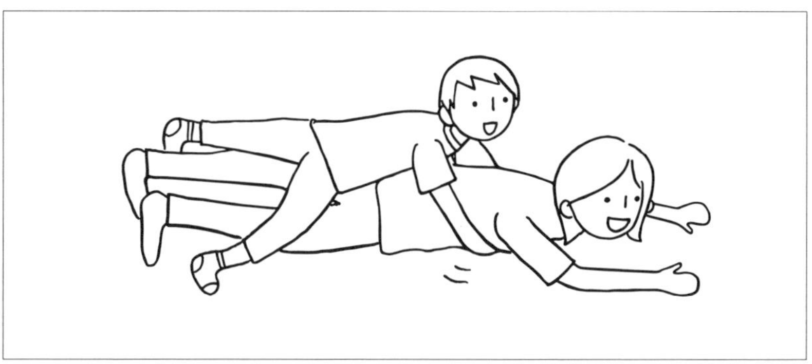

엄마표 몸놀이

악수하기, 뽀뽀하기, 안아주기, 파이팅하기, 꽉 껴안고 흔들기, 간지럼 태우기, 마사지해주기(아이가 다른 사람에게도 해줄 수 있도록), 손잡고 전기 놀이, 껴안기, 비행기 타기, 풍차 놀이, 안고 뒹굴기, 목마, 말 태워주기, 신체 접촉이 많은 운동(윗몸일으키기, 씨름, 레슬링 등)–치료가 되는 스킨십은 접촉면을 넓게! 강도를 세게!

이런 방식의 놀이는 무엇을 의미하는가? 이런 몸놀이가 있었기에 우리가 건강하게 자랄 수 있었다. 이런 놀이를 요즘 부모들은 왜 자주 하지 않는 걸까? 아무 의미 없고 피곤한 것이라고 생각하기 때문일까?

요즘 아이들은 어떻게 놀까? 혼자 논다. 엄마는 집안일로 바쁘다. 아이와 함께하는 시간은 밥 먹이고 씻기고 옷을 입힐 때가 전부다. 이외의 시간에는 엄마도 쉬고 싶다. 야근과 격무에 시달리다 아주 늦게 집에 온다. 혹 집에 있을 때라도 컴퓨터나 스마트폰만 들여다보거나 밀린 잠을 잔다. 아이들은 각자 장난감을 갖고 놀거나 TV를 보거나 책을 본다. 혹은 나가서 친구들과 시간을 보낸다. 아이와 시간을 보낼 때도 몸으로 놀기보다는 책을 읽어주고, 장난감을 같이 만들며 놀아준다. 같이 살결을 비비고 엎치락덮치락 하는 놀이는 부모와 아이 모두에게 낯설기만 하다.

접촉을 싫어하고, 타인과의 상호작용이 어려운 자폐아동일수록 이

러한 현상은 더욱 심하다. 엄마에게 오래 안겨서 노는 것을 싫어하니 엄마는 당연히 아이를 혼자 놀게 둔다. 아이가 혼자 노니, 엄마는 편하다. 그 상태 그대로 많은 시간이 지나간다.

자폐아동을 치료하려면 가족들과의 친밀한 스킨십을 바탕으로 한 몸놀이가 꼭 필요하다. 잠자기 전 침대 위에서, 이불 위에서 뒹굴뒹굴하며 노는 것이 엄청난 치료적 효과가 있다. 터널놀이는 감각통합에도 좋을 뿐만 아니라 자폐아동과 눈 맞춤하기도 좋다.

자폐아동은 눈 맞춤이 짧다. 눈 맞춤이 길어지게 하려면 어떻게 해야 할까? 답은 간단하다. 눈 맞춤을 많이 하면 된다. 눈 맞춤이 잘 되는 놀이를 하면 눈을 자주 마주치고, 그러면 눈 마주치는 것이 익숙해지면서 자연스럽게 눈 맞춤이 길어진다. 자기가 먼저 눈을 마주치려고도 한다.

나는 자폐아동들과 눈을 맞추기 위해서 다양한 시도를 해보았다.

아이 눈앞에 내 얼굴을 바로 갖다 대기도 했고, 양쪽 시야를 가려서 내 눈밖에 보지 않도록 만들기도 했다. 그래도 아이들은 내 눈을 길게 보지 않고, 여기저기로 눈을 돌리며 시선을 피했다.

그중 가장 쉽고 재미있으면서 효과적이었던 방법이 '비행기 태우기'다. 평소에는 눈을 피하는 자폐아동이라도 10명 중 9명은 비행기를 태워줄 때 눈을 마주쳤다. 비행기를 태워도 눈을 잘 마주치지 않는 아이에게는 기술이 조금 더 필요했다. 다리를 조금씩 내리며 비행기를 타고 있는 자폐아동의 눈과 내 눈의 거리를 계속 좁히는 것이다. 비행기를 타고 있는 자폐아동은 무게중심을 잃은 채 나에게 집중을 하고 있기 때문에, 눈 사이를 가깝게 하면 나와 눈을 마주쳤다.

반대로 눈 맞춤이 안되는 아동을 바닥에 눕히는 방법도 있다. 다리를 구부려서 배 쪽으로 쭉 눌러주면서 눈과 눈 사이의 거리를 좁힌다. 이때 눈을 마주치는 아이도 많았다.

까꿍놀이와 터널놀이도 좋다. 터널 한쪽에는 아이가, 다른 한쪽에는 내가 들어간다. 터널 속에서 두 사람이 만나면 서로의 얼굴밖에

볼 수가 없다. 치료에 너무도 좋은 상황이다. 물론 대부분의 자폐아동은 내 얼굴밖에 보이지 않는 터널을 불편해하며 빨리 빠져나가고 싶어한다. 그러니 조금씩 단계적으로 터널에 있는 시간을 늘리고, 흥미를 가지도록 유도해야 한다.

자연친화놀이

자폐아동의 부모는 아이에게 경험을 많이 시켜줘야겠다고 생각한다. 그래서 아침부터 편한 옷차림을 하고 운동화를 신고 밖으로 나온다. 산과 계곡, 바다를 찾아간다. 동물원, 공원, 키즈파크 등 다양한 곳으로 매일 바쁘게 움직인다. 그런 노력 덕에 햇빛에 그슬려 피부는 온통 새까맣게 타고, 여기저기 몸이 쑤시며 몸살이 난다.

이러한 노력에도 불구하고, 아이의 변화가 크게 눈에 보이지 않으면 낙심을 한다. 아이를 위해서 그토록 부리나케 돌아다녔는데, 성과가 없으니 맥이 빠지는 것이 당연하다. 그렇게 며칠을 하다가 포기를 하고 다시 이전처럼 집에서 시간을 보낸다.

밖으로 많이 다니는 게 도움이 되지 않는 것일까? 도대체 왜 달라지지 않았을까? 이쯤 되면 부모는 생각한다. '우리 아이는 선천적인가 봐. 그래서 이런 노력에도 변화하지 않는구나' 하고 깊은 우울감에 빠져든다. 이 과정에서 자폐아동의 부모는 가장 중요한 것을 놓치고 있다. 단순히 많이 놀며, 많이 걷고, 많이 본다고 치료적 효과가 있는 것이 아니라는 사실을 말이다.

예를 들어 아이와 산에 올라간다. 엄마는 정상에 올라갔다 와야 아이가 운동을 충분히 했다고 생각한다. 하지만 아이의 치료에 필요한 경험은 무엇일까? 땅바닥에 철퍼덕 앉아본다. 뾰족한 바위 위에도 걸터앉는다. 옷에 흙이 묻을 정도로 땅도 파보고 흙도 실컷 만진다. 나무껍질에는 뭐가 있는지, 나뭇잎은 어떤 모양이고 어떤 느낌인지 손으로 찢어보고 날려본다. 주변의 작은 돌멩이를 잡아 던져도 보고, 굴려도 본다. 이러한 경험이 자폐아동의 불균형하게 이루어지는 감각 발달을 균형 있게 이루어지도록 만들어준다.

일정한 속도와 보폭으로 오래 걷기만 하는 것은 아이의 뇌 발달에 도움이 되지 않는다. 일정한 속도로 쭉 걷는 것은 자폐아동의 눈에 안 보이는 자기 자극 행동을 더 부추기는 꼴이다. 가뜩이나 자폐아동은 일렬로 지나가는 자동차를 보는 것을 좋아해서 무조건 물건을 일렬로 나열하기도 하고, 눈을 흘김으로써 자동차가 지나갈 때의 시각적 자극을 재현해보려고 하는데 말이다.

자기 자극을 벗어나 외부의 다양한 감각적 자극을 받아들이게 하려면 어떻게 해야 할까? 뇌가 긴장되는 활동을 해야 한다. 편한 운동, 긴장이 되지 않는 활동은 크게 의미가 없다. 신체의 균형이 깨지는 활동이 뇌를 긴장시킨다. 그러려면 징검다리 건너기, 돌밭 건너기, 맨발로 걷기, 출렁다리 건너기처럼 양다리, 양손과 팔로 무게의 중심을 잡고, 자기 몸을 스스로 지탱할 수 있는 활동이 치료에 효과적이다.

일반 아이들은 이처럼 뇌에 긴장을 주는 활동을 더 좋아한다. 뇌에 기분 좋은 긴장을 주니 재미있어한다. 그래서 시키지 않아도 이런 놀이나 활동을 스스로 한다. 가만히 있다가 갑자기 달리고 또 점프를 한다. 그러다가 갑자기 앞으로 구르기도 하고, 뒤로 자빠지기도 한다. 아슬아슬해 보이는 놀이를 좋아하고, 위험해 보이는 행동을 서슴지 않는다. 스스로 발달에 필요한 활동을 해나가는 것이다.

내가 어렸을 적, 뇌성마비 장애인인 언니를 위해 부모님께서 많이 하셨던 것이 있다. 바로 개울 물살 거슬러 올라가기다. 맨발로 개울을 건널 때에는 울퉁불퉁한 자갈밭을 걸어야 한다. 중심을 잡느라 온몸이 긴장된다. 내 발바닥과 다리의 움직임에 집중해야 한다.

물살을 반대로 걸어 올라가려면 다리에 힘을 꽉 줘야 한다. 생각보다 쉽지 않다. 당시 6~7살이던 언니는 다리에 근력이 없어서 걸을 때마다 휘청거렸다. 그러나 점차 훈련을 거듭할수록 다리에 근력이 생기면서 걷는 게 많이 안정되었다. 지금은 어느 누가 봐도 정상적으로 걷는다. 나보다 더 좋은 체력으로 산을 오르고, 여기저기 잘 돌아다닌다.

자연에서는 건강한 자극을 경험할 수 있다

자폐아동은 자극을 불균형하게 받아들인다. 그래서 뇌 발달도 불균형하다. 자연 그대로의 환경은 감각이 균형을 이루면서 통합되도록 하는 데 매우 좋다. 자연에는 시각적·청각적으로 자극적인 요소가 매우 적기 때문이다. 숫자, 글자, 불빛 같은 시각적 자극을 추구하는 자폐아동이라면 더욱 자연으로 가야 한다.

마트를 가든 길을 건너든 사람들의 이목을 끄는 현수막, 간판, 홍보용 그림이나 글자가 사방에 너무너무 많다. 시각적 자극을 줄이고, 다

감각의 균형과 통합을 돕는 계절별 자연 활동

른 감각적 자극을 받아들여 감각의 균형을 이루도록 해주어야 한다.

청각적 자극을 추구하는 자폐아동 또한 주변의 자동차 소리, TV 소리, 각종 기계 소리에서 벗어날 수 있기 때문에 자연이 좋다.

이 밖에도 자연은 공기가 좋다. 정서적으로 안정감을 준다. 다양한 감각적 경험이 가능하다. 관찰력이 좋아지고 집중력이 생긴다. 자연에 있으면 미세하게 움직이는 생명체들을 만나게 된다. 나비도 있고, 벌레도 있다. 나무에서 떨어지는 열매도 있다.

요즘 숲 유치원에 대한 관심이 매우 높아졌다. 숲 유치원을 다니는 아이들도 늘고 있다. 자폐아동들을 위한 숲 치료를 진행하다 보면 계절마다 다른 자연 활동을 통해서 자폐아동의 치료가 가속화된다. 봄에는 새싹과 꽃을 관찰하고, 향기를 맡는다. 여름에는 자두와 앵두를 따고, 물놀이도 한다. 가을이면 도토리와 밤을 줍고, 단풍과 낙엽을 본다. 겨울이면 썰매를 타고 귤나무에 열린 귤도 따본다.

우리는 어릴 적에 어떻게 놀면서 자랐는가? '보물'이라는 노래 가사처럼 '술래잡기 고무줄놀이 말뚝박기 망까기 말타기'로 자연 속에서 뛰어노느라 하루가 짧았다. 나 역시 어렸을 때 뒷산에서 자주 놀았다. 땅따먹기, 잡초로 인형 만들기를 하며 놀았다. 자폐아동의 치료에 가장 좋은 환경이 바로 자연이다. 흙이 있고 물이 있는 자연에서 활동하면 뇌의 문제는 저절로 좋아진다. 마트나 백화점에 가지 말고 자연으로 가자.

싫어하는 것을 좋아하게,
거부하던 것을 하고 싶게

한국 사람들은 된장과 고추장이 익숙하다. 색깔과 냄새가 독특한 청국장도 우리는 건강식이라며 잘 먹는다. 그렇지만 청국장을 접해보지 못한 외국 사람들은 처음부터 청국장을 잘 먹을 수 있을까?

아마 냄새만 맡고 거부감을 표현할 것이다. 모양새도 영 탐탁지 않을 것이다. 그러나 이 청국장은 콩으로 만들었고, 단백질이 풍부하며 면역력을 높인다고 하면 청국장에 대한 반응이 달라질 것이다. 그럼 한두 번은 입에 넣어 맛을 보려고 할 것이고, 생각보다 구수한 맛이 익숙해지면 즐겨 먹게 될 것이다.

자폐성향도 이와 비슷하다. 새로운 대상과의 접촉을 심하게 거부한다. 하지만 이것은 경험해보지 않았기 때문이다. 한두 번 경험하면 그 접촉에 익숙해지고, 어느 순간 자기가 스스로 만져서 탐색하려고 한다. 이게 바로 치료의 원리이다.

자폐적 성향이 이런 식으로 하나둘씩 없어지다 보면 자폐증이 치료된다. 사람에 관심이 없던 아이가 눈을 스스로 맞추고 다가가 관심을 보인다. 제한적인 자극을 받아들이던 아이가 점점 다양한 것들을 보고 탐색하려고 한다.

자폐아동의 치료적 발전 과정

앞서 다양한 치료 원리를 제시했다. 실제로 아동의 변화가 보이는 치료의 과정은 다음과 같다. 일단 싫어하던 것을 좋아하게 된다. 안 하고 거부하던 것을 자발적으로 하게 된다. 관심이 확대되며, 특히 사람에게 관심을 보인다. 무표정하던 얼굴이 밝아진다. 전반적으로 활발해진다. 손에 물감이 묻어도 난리를 치며 울던 아이가 스스로 사물을 만지며 적극적으로 활동하기까지 한다. 지점토도 점토도 알아서 만지고 반죽한다.

정식이는 손으로 상동 행동을 많이 했다. 눈앞에 손을 갖다 대고, 손을 오므렸다 피기를 반복했다. 이러한 상동 행동을 할 때면 눈이 사시가 되고, 혀가 꼬부라진 소리가 나기도 했다. 그러나 치료가 진행되자 생각보다 훨씬 더 빨리 좋아졌다. 손에 아무것도 묻히지 않으려고 했던 정식이가 스스로 지점토를 만지고, 주먹으로 쿵쿵 누르기도 했다. 놀라운 변화에 우리는 너무나 감격스러웠다. 그렇게 자폐증에서 벗어나면서 손으로 하던 상동 행동이 없어지기 시작했다.

태호는 5살이지만 키가 커서 7살로 보이는 남자아이다. 어쩌다 한 번 '엄마'라는 말을 하긴 하지만, 그밖에 의미 있는 언어는 전혀 사용하지 않았다. 하루는 전분 가루에 물을 섞어서 만지는 활동을 했다. 태호는 얼굴을 찌푸리면서 하기 싫다고 했다. 손을 뿌리치거나 강한 거부감을 보인 것은 아니었지만 표정이 일그러졌다. 심각한 표정으로 다른 사람이 손에 전분 반죽을 올려주는 것을 바라보았다.

그런데 갑자기 "하기 싫어. 하기 싫어"라는 말이 연속해서 나왔다. 굵고 또렷한 목소리로 명확하게 말했다. '엄마'라는 말도 거의 하지 않았던 태호였다. 그런데 촉감각 활동을 통해서 '하기 싫다'는 의사 표현이 자연스럽게 이루어진 것이다. 너무나 놀라웠다.

태호의 촉각방어도 점차 개선되었다. 그러면서 친구들에게 관심을 보이기 시작했다. 어느 날 태호는 같이 수업하던 한 친구에게 다가갔다. 다가간 정도가 아니라 대놓고 쫓아갔다. 계속 따라다니면서 친구 얼굴에 자기 얼굴을 가까이 대더니 "까까 줘, 까까 줘"라고 말했다. 친구와 손을 잡고 '둥글게 둥글게' 놀이도 즐겁게 했다. 눈 맞춤도 안 되고, 사람에게는 전혀 관심이 없어서 혼자 의미 없는 소리만 반복했던 태호에게는 큰 변화였다.

집에서는 턱받이도 안 하려던 민정이라는 아이가 있었다. 교실에서 물감 활동을 할 때 앞치마를 입는 것도 처음에는 강하게 거부했다. 입히려고 하니까 악을 쓰며 울었다. 눈가에 실핏줄이 터질 정도로 울었다. 치료 교육을 통해 다양한 접촉 경험을 하도록 단계적으로 유도했다. 지금은 앞치마를 아주 잘 입는다. 손에 재료가 붙는 반죽 활동이나 요리 치료도 처음에는 조금 머뭇거리지만 한번 만지면 이내 적극적이 된다. 재미있는지 표정도 밝고 신나게 집중한다. 손을 눈앞에서 쥐었다 펴는 상동 행동도 사라졌다. 이제는 엄마가 "오늘 수업 시간에 무슨 활동 했어?"라고 물으면 "설거지했어"라고 정확히 대답도 한다. 유난히 크고 맑은 눈으로 선생님을 보고, 관심을 받

기 위해 웃으며 다가온다. 친구들 이름을 알고 "○○ 좋아"라고 표현
도 한다.

이러한 모습들이 생겨나면 자폐성향이 하나둘씩 사라지면서 치료
가 이루어진다. 그렇다고 해서 자폐아동이 어느 한순간에 '짜잔!' 하
고 마법처럼 일반적인 아동처럼 되는 것은 절대 아니다. 대부분 1년
에서 2년 정도의 치료 기간이 필요하다.

주요 내용	관련된 행동
눈 맞춤이 길어진다.	눈빛이 초롱초롱해진다. 다양한 의미를 포함한 눈 맞춤을 한다. 먼저 와서 눈을 맞추고 관심을 받으려고 한다.
이름을 부르면 반응한다.	옹알이가 많아지고, 소리를 많이 낸다. 다른 사람의 말소리를 듣고 생각하는 모습을 보인다.
활발해진다.	몸의 움직임이 다양해진다. 표정이 밝아지고 다양해진다. 일시적으로 문제 행동을 하는 빈도가 는다.
다른 사람에게 관심을 갖는다.	혼자 놀려고 하지 않고 뭐든지 같이 하려고 한다. 사람의 이름이나 명칭(엄마, 아빠, 언니) 등 언어를 사용한다.
모방이 많아진다.	행동 모방이 많아진다(터치 모방, 집안일 모방 등을 한다). 언어 모방을 한다. 상상놀이/상징놀이를 한다.
사회적 행동이 다양해진다.	애교가 많아진다. 감정 표현이 많아진다(울고, 짜증 내고, 화를 낸다). 음식이나 물건을 다른 사람에게 준다.
관심이나 탐색이 다양해지고 확대된다.	하지 않던 행동을 한다. 새로운 것에 관심을 갖는다. 인지능력이 향상된다. 반복적인 행동이 사라진다.
자아 발달이 이루어진다.	자기가 하고 싶은 것들을 많이 표현하고, 스스로 하려고 한다. 떼가 많아진다(점차 조절된다). 자발적으로 사용하는 언어가 많아진다.
감각신경이 발달한다.	안 걸리던 병에 걸린다. 뜨겁고 차가운 것에 반응한다. 촉각방어(모자 안 쓰기 등)가 없어진다.

그 결과 눈을 안 마주치던 자폐아동이 점점 스스로 눈을 맞추고, 시선도 점점 길어졌다. 다른 사람에게 관심을 두었고, 초롱초롱하게 눈을 바라보기 시작했다. 행동 모방이 활발해지며, 옹알이 같은 다양한 소리를 내기 시작했다. 터널 통과를 그렇게 하기 싫어하던 아이가 웃으면서 터널의 이쪽 끝에서 저쪽 끝으로 이동했다. 암벽 오르기 한두 칸도 버거워하고 무서워하던 아이가 암벽의 맨 꼭대기까지도 성큼성큼 잘 올라간다.

아이 하루 5계명

최근 나는 자폐아동의 부모에게 다음과 같은 '아이 하루 5계명'을 매일 지키도록 교육하고 있다.

① 하루에 한 번 이상 아이가 소리 내서 웃어야/울어야 한다.

② 하루에 두 번 이상 아이가 땀이 나도록 움직이고 놀아야 한다. 하루에 두 번 이상 손을 씻길 수밖에 없도록 아이가 손으로 다양한 것을 만지고 탐색해야 한다.

③ 하루에 3번씩 아이가 넘어져야 한다. 보통 아이들은 스스로 움직이고 활동하다 넘어지기가 일쑤다. 아무리 대근육에 문제가 없는 아동도 하루에 3번은 넘어진다. 넘어지지 않더라도 혼자 앞으로 구르고, 뒤로 구르고, 두 발로 뛰는 등의 활동을 하며 신체의 균형을 잡는다.

④ 4초간 눈 맞춤을 해야 한다. 4번이 아니라 4초간 지속해서 눈

을 맞추는 것이다. 속으로 4초 정도를 세면서 아동이 눈을 계속 마주치도록 집중해야 한다. 눈에서 레이저가 나갈 것처럼 말이다. 부모의 열정과 에너지가 느껴지면 아동의 눈 맞춤도 길어진다.

⑤ 5번 이상 포옹을 하고, 뽀뽀를 하며, "사랑해"라고 말해야 한다. 50번도 좋고, 500번도 좋다. 수시로 엄마의 관심과 사랑을 스킨십과 언어로 표현하라. 사람에 대한 신뢰감을 향상하고, 타인과 더욱 소통하고자 하는 동기가 생긴다.

이 5계명을 매일 지키면 분명 놀라운 치료적 성과가 있을 것이다.

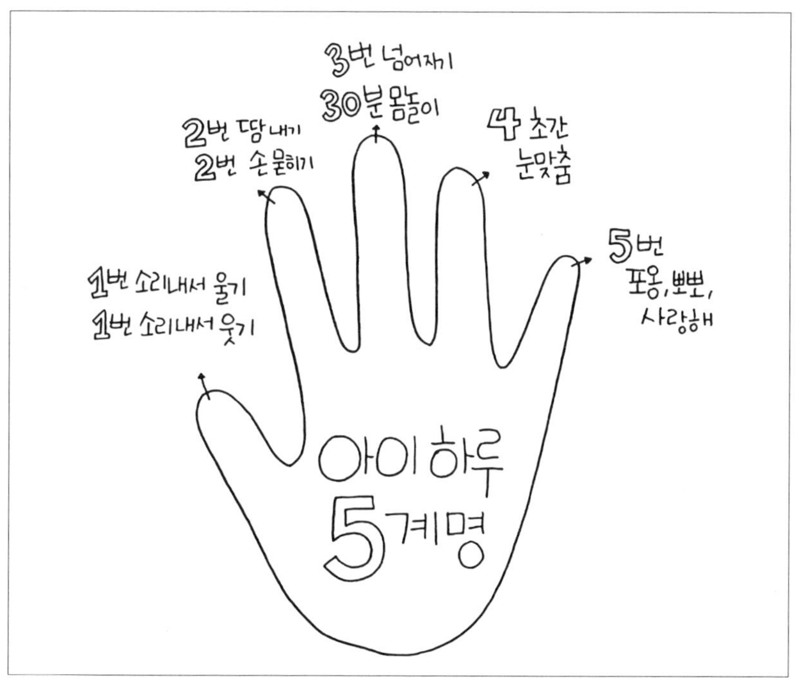

CHAPTER 9

자폐는 교육보다 치료가 우선이다

기계에 의한 치료는 하지 마라

자폐증 치료법에 관한 소문이 떠돌고 있다. 산소 기계에 들어가서 하는 치료부터 주파수에 따라 노래를 들려주는 치료, 뇌파를 조절하는 치료, 침과 약물 치료 등이 유행하다 사라지기를 반복한다. 이미 전문가들에 의해 효과가 없다고 검증이 되었지만, 자폐아동의 부모는 지푸라기도 잡아보자는 심정으로 한번 해보는 경우가 많다.

나는 기계 치료는 절대 하지 말라고 강조하고 싶다. 자폐증은 사람이 결핍되고, 사람과의 접촉이 부족해서 비롯된 것이다. 그렇다면 사람을 통해서 해결해야 하지 않을까? 제발 허튼 상술에 넘어가지 않았으면 한다.

일부에서는 자폐아동의 소통을 돕기 위해 로봇과 애플리캐이션을 개발하고, 대체 의사소통 매체 등도 개발하기 위해 박차를 가하고 있다. 안 그래도 기계의 영향을 받아 로봇 같아진 아이들을 또 기계에 노출시키는 것이다. 자폐증이 보통 사람들의 노력으로는 좋아지지 않을 거라 믿기 때문에 이렇게 기계에 의존한다. 사람이 직접 하지 않아도 되니 편리하다고 생각하는 것이다. 이렇듯 어른들의 잘못된 생각 때문에 자폐아동들은 점점 사람이 결핍되고, 접촉이 결핍된다. 더욱 기계처럼 변하고 자폐성향이 강해진다.

약물치료는? 검증된 것이 없다

몇 년 전 여자 쌍둥이 아이들을 치료한 적이 있다. 두 아이 모두 자폐아동들이었다. 그런데 수업을 진행하는 치료사 선생님들이 불만을 토로했다. 아이들에게서 생선 비린내가 너무 심하게 난다는 것이었다. 많이 안아주고 만져주고 싶은데 냄새가 나서 힘들다는 이야기였다. 조심스럽게 쌍둥이 부모님께 여쭈었다.

"혹시 아이들이 생선을 자주 먹나요?"

"아니요. 그렇지는 않은데요. 아, 비린내가 많이 나나요? 오메가3가 들어 있다는 약을 먹여서 그런 거예요."

알고 보니 두뇌 발달에 좋다고 해서 오메가3를 먹였는데, 아이들이 어리니까 그냥 캡슐로 못 먹고 터트려서 먹였다고 한다. 그러다 보니 냄새가 여기저기 많이 밴 것이다. 오메가3 냄새가 그렇게 독한지 그때 처음 알았다.

한 학술 대회에서 자폐증에 도움이 되는 약물치료에 대해 발표한 적이 있다. 여러 가지 자료를 공개하고 그 과정을 소개했지만, 자폐증에 도움이 되는 약물은 현재 없다는 결론을 내렸다. 일부 소아청소년과에서 자폐성 장애인에게 약을 처방하는 경우가 있다. 하지만 그것은 자폐증에 효과가 있다고 검증된 약물이 아니다. 다만 다른 증후군의 아이들에게 처방하는 약을 대체해서 처방하는 것이다. 예를 들어,

너무 산만한 자폐아동이라면 ADHD(주의력결핍 과잉행동장애)를 치료하기 위한 약을 처방한다.

나는 10세 이전의 아이에게는 어떤 신경학적인 약물도 처방하지 않기를 권한다. 아무리 부작용이 없는 약물이라도 한참 성장하는 아이들에게는 분명히 영향을 줄지도 모르기 때문이다. 일부 한의원에서는 자폐아동에게 한약을 처방한다고 한다. 그 한약의 효과 역시 아직 검증된 바가 없다.

교육보다 치료가 먼저다

한국은 교육열이 뜨겁기로 유명하다. 교육열이 심한 만큼 부작용으로 몸살을 겪기도 한다. 일찍부터 학습을 시킬수록 좋고, 자폐아동의 성향도 학습을 시키면 나아질 것이라고 생각한다. 말을 못하는 아이도 계속 가르치고 훈련하면 말을 잘하지 않을까 생각한다. 그래서 책을 보여주고, 언어치료도 끊임없이 한다. 교육을 해서 좋아지지 않는 것은 아니다. 조금은 도움이 될 수 있다. 그렇지만 아동의 특성과 연령에 따라 교육에 대한 접근 방식은 달라져야 한다.

8세 이전의 아이들은 신나게 놀아야 한다. 이는 많은 전문가들이 한목소리로 권장하는 부분이다. 자폐아동도 마찬가지다. 8세 이전에는 신나게 놀아야 한다. 그렇지만 스스로 다양하게 놀지 못하기 때문에 치료적으로 도움이 필요하다. 치료는 교육과는 확연히 다르다. 교육은 가르치면서 반복을 통해 습득하도록 하는 것이고, 치료는 아이가 하고 싶은 마음이 들게 하는 것이다.

흥미가 유발되고 동기가 생기는 치료적 과정이 없이 교육만 하면 어떻게 될까?

첫째, 사람과의 신뢰가 깨진다. 자폐아동은 타인과 관계를 형성하는 것을 어려워한다. 하지만 관계 형성이 전혀 불가능한 것은 아니다. 주변 사람들 중 특정한 한두 사람에게는 관심을 보이기도 하고, 같이 있으려고도 한다. 주로 아동을 잘 돌봐주는 형이나 누나, 삼촌, 선생님 등이 해당된다. 엄마아빠에게 관심이 없는 아이라도 교실에 들어오면 선생님을 반기고, 다가와서 안기는 모습을 볼 수 있다.

이처럼 자폐아동이라고 해서 무조건 타인과 관계 형성을 하지 못하는 것이 아니다. 그 자폐아동을 이해하고, 아이에 대한 열정과 사랑을 가진 사람이라면 관계를 형성할 수 있다. 이렇게 자폐아동이 한 사람 한 사람과 관계 형성에 성공하면, 점차 폭넓은 관계 형성을 이룰 수 있다. 그런데 적절하지 않은 교육이 시행되면 가장 중요하면서 가장 어려운 사람과의 신뢰가 깨질 수 있다. 다른 사람에게 갖는 자폐아동의 신뢰는 깨지기 쉬운 얇은 유리잔과 같다.

둘째, 자율성이 없어지고 수동적으로 반응한다. "시키면 하는데, 스스로는 잘 하지 않아요."라고 고민을 토로하는 자폐아동 부모를 많이 만났다. 교실에서도 그러했다. 충분히 할 수 있는 활동임에도 아이 스스로 하려는 의지가 없었다. 시키면 해야 한다는 사실은 아니까 어쩔 수 없이 한다는 느낌이었다. 어렸을 때 공부를 과하게 많이 한 아이들이 어른이 된 뒤에는 공부에 흥미를 잃듯이, 동기와 흥미가 생기기 전에 과도한 교육을 받으면 자폐아동도 활동에 대한 의욕을 잃는다. 시켜서 겨우 하는 정도에 머무른다. 자폐아동에게 교육을 강요하기보다 치료에 스스로 관심을 가지면서 열중하게 해야 한다.

셋째, 집중력이 부족해진다. 교육은 상징, 은유, 추상적 개념을 이해시키는 것이다. 하지만 자폐아동은 눈에 보이지 않는 것을 이해하기가 어렵다. 그럼에도 불구하고 계속 교육을 고집한다면 아이를 위한 치료의 효과가 떨어질 수밖에 없다.

자폐아동의 부모 중에는 무조건 교사와 아동이 일대일로 수업하는 것을 선호하는 경우가 많다. 교사가 주도적으로 가르치고, 반복적으로 학습시키기를 원한다. 그러나 아이가 자발적으로 하려는 마음을 가져야 더 관심을 가짐으로써 집중할 수 있다. 치료사나 교사 위주로 흘러가는 수업은 자폐아동의 흥미를 끌지 못한다. 아이는 당연히 수업에 집중하지 못하고, 수업 내내 멍한 표정만 짓고 있다. 결국 자폐아동은 점점 의욕을 상실한다. 치료적으로 매우 안 좋은 상황으로 흘러가게 되는 것이다.

하루라도 빨리 시작하라

자폐아동의 치료는 시기가 굉장히 중요하다. 생후 몇 개월에 치료를 시작했느냐가 치료의 성공 여부를 결정짓기도 한다. 물론 치료는 일찍 시작할수록 좋다. 단 하루라도 빨리 서두르는 것이 좋다. 빠르면 빠를수록 좋다.

조기 치료 및 조기 개입에 대한 관심이 많아지고 있다. 병원에서도 조기에 자폐증 진단이 가능하도록 힘쓰고 있다. 36개월 이전에 오면 치료 가능성은 매우 커진다. 실제로 36개월 이전에 치료를 시작한 자폐아동들은 하루가 다르게 변화하는 것을 자주 목격했다. 36개월이 지난 아동에 비해서 확실히 치료 속도가 빨랐다. 24개월 이전의 자폐아동이면 치료 가능성은 매우 큰 편이다.

그렇다고 36개월이 지난 아동에게 가능성이 없는 것은 절대 아니다. 36개월이 지나도 충분히 좋아질 수 있다. 그동안 많은 자폐아동을 봤지만, 내가 예상치 못한 놀라운 발전을 보여준 아이들도 참 많았다.

현규는 7살 때 우리 기관을 처음 방문했다. 눈도 잘 마주치지 않고, 늘 약간 불만스러운 표정을 짓던 현규는 수업 때에도 선생님과 친구에게는 관심을 보이지 않았다. 교실 한편에서 혼자 두리번거리기 바빴다. 말 한마디도 정확하게 하지 못하고 늘 굳게 입을 다물고 있었다. 의자에 앉은 채 흔들흔들 움직이기를 좋아했다. 하루는 뭐가 마음에 안 들었는지 앞에 있던 요구르트를 매우 세게 던져서 터트리는 바람에 교실이 난장판이 되기도 했다. 이렇듯 화가 나면 물건을 던지는 공격 성향 때문에 현규의 할머니는 고민이 많으셨다.

3년간 현규는 치료 교육을 받았다. 손주를 지극히 아끼시던 할머니는 현규를 데리고 1시간 이상 걸리는 거리를 하루도 빠짐없이 열심히 오가셨다. 현규는 1년 늦는 9살에 정상적으로 초등학교에 입학했다. 학교에서도 친구들과 원만하며, 모범적인 생활을 하고 있다고 했다. 지나가는 3살짜리 아이를 보더니 인사를 하며 말했다. "이름이 뭐야? 몇 살이야?" 자기보다 작은 그 아이의 눈을 보며 다가가서 상냥한 미소를 지으며 친근감을 표했다.

자폐증은 치료를 빨리 시작할수록 좋다. 하지만 36개월이 지났다고 너무 늦은 게 아닐까 생각할 필요는 없다. 치료를 망설이지 마시라. 지금이 가장 빠르다. 당장 시작하면 된다.

부모는 그대로, 아동만 치료?

자폐아동을 치료하는 데는 부모의 협조가 매우 중요하다. 부모의 사랑과 관심이 없이는 치료가 어렵다. 자폐아동만 치료를 받을 뿐, 집에서의 양육 환경이나 양육 방법이 전과 같다면 큰 치료적 변화는 기대하기 어렵다. 치료를 받으면서 그 치료적 방향과 동일한 방법이 가정에서도 적용되어야 한다.

예를 들어 TV를 너무 많이 보던 아이라면, TV를 보지 않게 해야 한다. 치료만 받고 TV를 전처럼 계속 본다면, 치료 속도가 느릴 수밖에 없다. 주로 혼자 장난감을 갖고 노는 게 일상이었던 아이라면, 부모가 함께 살을 비비며 몸놀이를 해주어야 한다. 부모가 그렇듯 적절하게 개입하면 아이는 더 많이 성장하고 발전할 것이다.

자폐아동을 치료 교육하면서 수업하는 날들 중에 월요일이 가장 어렵다. 흔히 말하는 '월요병'이 자폐아동에게도 있는 것처럼 느껴졌다. 금요일까지 수업을 하면서 다양한 상호작용과 감각적 경험을 하다 보니 아이가 좋아졌어도, 주말에 어떤 시간을 보내고 오느냐에 따라 월요병이 심한지 아닌지가 결정된다.

엄마아빠와 주말을 즐겁게 보내고, 다양한 체험을 한 아이일수록 계속 발전하는 모습을 보여준다. 하지만 주말 내내 집에서 TV나 스마트폰을 본 아이, 혼자 놀며 시간을 보낸 아이는 좋아지는 것 같다가도 다시 퇴보하는 모습을 보인다. 즉 '밑 빠진 독에 물 붓기'가 되는 것이다.

그동안 많은 자폐아동들을 치료 교육하면서 그들의 부모와도 상담을 했다. 아이를 집에서 어떻게 양육해주셔야 하는지, 어떤 놀이로 소통해야 하는지, 문제 행동에는 어떻게 대응해야 하는지 등을 정기적으로 말씀드렸다.

이런 내용을 부모가 가정에서 얼마나 잘 적용하느냐에 따라서 자폐아동이 달라졌다. 치료 기간이 좀 오래 걸리겠다 싶었던 아이도 부모가 열심히 하니까 하루가 다르게 변화되었다. 반면 기능이 좋고, 언어 구사도 어느 정도 가능해서 빨리 좋아질 것 같았던 아이도 있었다. 그런 아이가 시간이 지날수록 자폐적 성향이 더 뚜렷해졌다. 부모가 가정에서 적절하게 개입하지 않았기 때문이다.

기관에 아무리 뛰어난 노하우가 있더라도 자폐증 치료는 가정에서 적용해야 한다. 특히 부모가 함께할 때 효과적이다.

가능하다는 생각이 기적을 만들었다

많은 사람이 자폐증의 특징과 성향을 타고난 것으로, 유전학적으로 결정되어 발현된 것으로 본다. 그래서 그 특징을 알리고 그대로 받아들이자는 움직임도 많다. 어느 학자는 자폐증의 발생률이 높아지는 이유가 진단율이 높아졌기 때문이라고 주장하기도 한다. 그러나 진단율이 높아졌다는 것만으로는 이해되지 않을 정도로 그 수가 점점 많아지고 있다. 이와 더불어 치료기관도 많이 생기고 있고, 여러 가지 생의학적 치료법도 유행하고 있다.

나는 자폐의 선천적 원인보다는 후천적 원인에 중점을 둔다. 어떻게 하면 좀 더 좋아질 수 있을까 고민한다. 치료 가능성을 높이려면 그 원인 또한 후천적인 것으로 보고서 접근해야 한다. "건강하게 태어난 아이가 왜 자폐아동이 되었는가?"에 대한 원인을 찾는 방향으로 접근해야 높은 치료 가능성을 기대할 수 있다. 물론 선천적인 경우도 있다. 물론, 자폐성향이 선천적인지 후천적인지는 정확히 파악하기가 매우 어렵다. 많은 자폐아동의 부모가 임신 중 검사, 유전자 검사(G-scanning), 염색체 검사 등을 했지만 정상으로 나왔다고 한다. 그런데 출산 후 아이의 언어가 늦고, 상호작용이 안 되어 상담을 받은 결과 자폐증으로 진단을 받은 것이다.

아이가 자폐증 진단을 받은 부모는 아주 많은 고민을 한다. 그중 가장 많이 하는 고민은 당연히 "치료될 수 있을까?" 하는 것이다.

정말 치료될 수 있을까? 부모의 믿음만큼 아이는 좋아진다. 엄마의 생각이 바뀌면 아이의 모습도 달라진다. 엄마가 웃으면 아이의 얼굴에도 미소가 피어난다. 엄마의 열정으로 아이가 더 주목받고 관심받는다. 아이는 더 많은 좋은 자극을 받게 된다.

자폐증 치료에 대한 기준을 높여야 한다. 교육을 통해 단순히 조금 나아지게 하는 것이 목표가 될 수는 없다. 사회에서 조금 더 적응할 수 있도록 돕는 게 최선은 아니다.

비관적인 상황에서도 꿈을 꾸는 것은 인간의 특권이다. 아무리 주변에서 자폐증은 치료가 안 된다고 말려도 꿈을 꾸는 것까지 저버리지는 말자. 우리 아이가 기적을 만드는 꿈을 꾸자. 내가 그 기적을 이룬 아이의 엄마로서 인정받는 날을 기대하자.

나는 자폐성 장애는 치료되지 않는다는 고정관념을 깼다. 치료될 수 있다고 생각했고, 실제로 많은 아이들이 치료를 받은 뒤 건강하게 생활하고 있다. 자폐아동 부모도 더더욱 나아지는 아이를 보면서 가능성을 믿자 치료가 더욱 잘 되었다.

'자폐아동'이라고 불리는 아이들의 눈을 보면 수많은 가능성이 보인다. 그 잠재력이 자폐성 장애, 발달장애라는 이유로 짓밟히는 것이 매우 안타깝다. 자폐아동의 치료는 결코 쉽지 않다. 하지만 불가능한 것도 아니다. 가능하다. 하지만 하루 이틀 만에 변화하는 것도 아니다. 조금 더 긴 시간이 필요할 수도 있다. 평균적으로 2년 정도는 치료에 집중해야 한다. 2년 동안 인내하고 치료하면 앞으로의 수십 년이 밝고 행복할 것이다.

못하는 것이 아니라, 하지 않는 것이다

자폐아동들 중에는 같은 연령대의 다른 아동들이 관심을 보이는 활동을 잘 수행하지 못하는 경우가 많다. 그래서 부모들은 질문한다.

"우리 아이가 인지능력이 부족한가요? 인지치료를 따로 할까요?"

"우리 아이 지능에 문제가 있는 건 아닐까요?"

"어떤 치료를 더 해야 할까요?"

자폐아동이 다양한 활동에 관심을 보이지 않는 이유는 다음과 같다.

- 의욕이 없어서
- 관계를 형성하기가 어려워서
- 사람을 신뢰할 수가 없어서
- 힘이 없어서(근력 부족)
- 기분이 안 좋아서(정서적 위축)
- 안 해봤기에 경험이 부족해서
- 주변에서 긍정적인 반응을 보여주지 않아서
- 야단을 너무 많이 맞아서
- 자신감이 없어서

자폐아동은 다른 사람들에게서 칭찬을 받는 일이 드물다. 그러고 보니 언제부터인가 주변 사람들은 자폐아동을 볼 때 색안경을 낀다. 그렇다 보니 자폐아동이 무슨 행동을 해도 긍정적으로 바라봐주기보다는 문제 행동으로 여긴다. 칭찬·격려가 아니라 자꾸 통제·제재하고 혼낸다. 그렇게 자란 자폐아동은 어떻게 될까? 정서적으로 위축되고 자존감이 낮아진다.

자폐아동의 자존감을 논하는 것이 적절하지 않다고 생각하는 전문가들도 있을 것이다. 자폐아동은 자아 발달에 어려움이 있기 때문이다. 하지만 자폐아동도 자아 발달을 이룰 수 있다. 이 경우 더욱 긍정적인 변화를 기대할 수 있다.

자폐증의 보편적인 특징을 이유로 들면서 자폐아동의 능력에 제한을 두어서는 안 된다. 자폐 스펙트럼 안에 있는 아이들의 특징은 굉장히 광범위하다. 그리고 그 가능성 또한 무한하다. 못하는 것이 아니라 안 하는 것이다. 도와주면 할 수 있다.

자폐증? 발달장애? 색안경을 벗어 던져라

아이에 대한 기준을 높이기 바란다. 미리 장애라고 단정 짓지 말자. 매 순간 아이가 좋아질 수 있고, 해낼 수 있다는 생각으로 아이에게 접근해야 한다.

나는 내 마음가짐에 따라서 자폐아동의 모습이 달라지는 것을 몸소 체험했다.

중증 자폐인인 혁이라는 9살짜리 남자아이가 있었다. 혁이와 구슬꿰기 수업을 한 적이 있다. 혁이는 반복적으로 박수를 치는 상동 행동이 잦았다. 또한 시선이 매우 짧고 불안정했으며, 집중력이 약했다. 손가락 하나하나를 구분하여 사용하면서 시선을 고정한 채 집중해야 하는 구슬꿰기는 혁이에게 아무래도 힘들 것 같았다. 역시나 한두 개 끼우고는 또 상동 행동을 시작했다.

어쩔 수 없다는 생각이 들었다. 그러나 혁이와 함께한 시간이 긴 만큼 혁이를 생각하는 마음이 컸다. 늘 나를 신뢰해주시는 혁이의 어머님도 떠올랐다. 그래서 다시 생각을 다잡았다. '이 정도는 혁이가 충분히 해낼 수 있을 것 같은데, 다시 한 번 유도해보자'라고 생각하며 혁이에게 말을 걸었다. "우리 혁이 구슬꿰기 잘할 수 있지? 멋쟁이 혁이 다시 한 번 해봐요"라고 유도했다.

그러자 웬일인지 혁이가 5개까지 집중하며 구슬을 꿰는 것이 아닌가? 도대체 무엇이 달라졌기에 구슬 1~2개도 겨우 끼웠던 혁이가 갑자기 5개를 후다닥 집중해서 꿸 수 있었을까? 바로 내 마음가짐 때문이었다. 혁이에 대한 나의 기대감과 열정이 혁이를 변화시킨 것이다. 역시 아이들은 못하는 게 아니었다.

자폐아동을 대하는 색안경과 고정관념, 편견이 아이의 능력을 짓밟는다. 이러한 선입견을 이겨내자. 우리 아이는 고쳐질 수 있고, 해낼 수 있다고, 이겨낼 수 있다고 기대하며 함께하자.

자폐아동의 부모님께 드리는
희망의 메시지

길은 있습니다. 그 길을 갈 방법도 분명히 있습니다. 30여 년간 그 길을 만들고, 그 길을 가는 방법을 찾았습니다. 아이의 가능성은 정말 무한합니다. 부모님께서 생각하시는 것보다 훨씬 크고 무한한 잠재력이 있습니다. 지금 아이의 모습은 고립되고, 제한되어 보일 것입니다. 그러나 아이가 자신을 가두고 있는 자폐의 문을 여는 순간 상상할 수 없었던 무한한 능력을 보여줄 것입니다. 단단하게 닫혀 쉽게 열리지 않는 문이지만, 분명 열 수 있습니다. 아이에 대한 믿음을 절대 저버리지 마세요. 부모의 가장 큰 역할은 아이에 대한 믿음을 포기하지 않는 것입니다.

며칠 전에 우리 기관에서 치료를 받는 한 아이의 어머님이 이렇게 말씀하시더군요.

"저희 아이는 6개월 전에 발달장애라는 진단을 받았어요. 그때 의사 선생님은 좋아질 거라는 얘기를 안 했거든요. 그냥 치료를 받으라는 말만 하셨어요. 그런데 며칠 전에 다시 병원에 갔더니 '발달 장애'

가 아니라 '발달 지연'이라고 말씀을 하셨어요. 그러시면서 치료를 꾸준히 잘 받으면 좋아질 거라고 얘기하는데 정말 눈물이 났어요."

또 한 어머님은 이렇게 말씀하셨습니다.

"정말 수직 상승하는 것처럼 아이가 좋아지고 있어요. 전에 다니던 병원에서 아이가 어떻게 이렇게 좋아질 수 있느냐면서, 무얼 하느냐고 물어보시더라고요. 계속 치료를 잘 받으라고 격려해주셨어요."

아이가 치료기관 졸업을 앞두고 있는, 아울러 둘째 아이 출산을 준비하고 있는 어머님께서는 이렇게 말씀하셨습니다.

"아이가 말이 엄청 많아졌어요. 집에서도 계속 말을 걸고, 질문하느라 쉴 새가 없어요. '엄마 이거 어떻게 해요?'라는 질문도 많이 해요. 억양이나 목소리도 매우 자연스러워요. 이제는 졸업해도 되겠어요."

이런 일을 저는 수시로 접하고 있습니다. 기적이라고 말할 수 있는 변화가 제게는 익숙한 일이 되었습니다. 이렇게 발전적인 모습이 잘 보이지 않는 아이들을 위해서는 따로 학부모님을 불러서 집중 상담을 합니다. 바로 그때 제가 양육할 때 어떤 부분을 더 도와주셔야 하는지 강조하면, 아이가 확실히 달라지는 것을 볼 수 있기 때문입니다.

아이가 수다쟁이가 되는 날을 간절히 기다리는 부모님이 참 많습니다. 우리 기관에는 건강한 수다쟁이들이 많습니다. 그 아이들이 처음부터 수다쟁이는 아니었지요. 하지만 지금은 시끌벅적 떠들고, 움직이고, 활동합니다. 저는 그런 아이들을 볼 때마다 너무나 보람있고 행복합니다.

제가 말하는 치료는 단순히 몇 가지 기능이 좋아지는 것이 아닙니다. 자폐인인 아이에게서 자폐성향이 하나씩 없어지고, 건강한 아동기적 행동을 보이더니, 모든 발달이 정상적으로 이루어져야 "치료가 이루어졌다"고 말할 수 있습니다. 병원에서 '정상'이라고 판정을 받은 경우를 '졸업'이라고 말하는 것입니다. 지금도 그렇게 좋아지고 있는 아이들과 함께하고 있습니다.

자폐아동의 치료를 위해 온 가족이 동참했습니다. 제 가족은 평생 자폐 치료만을 위해 살았습니다. 세상의 편견 어린 시선에도 굴하지 않고 지금까지 달려왔습니다. 많은 방법을 찾을 수 있었고, 많은 아이가 치료됐습니다. 한두 명이 아닙니다. 초창기에 졸업한 아이들은 대학교에 입학했고, 군대에 입대하기도 했습니다. 2년 전쯤 졸업한 어떤 아이는 과학 영재로 불린다고 합니다.

이런 멋지고 기적 같은 일들을 저는 너무도 많이 봤습니다. 함께 기뻐하면 좋겠지만, 늘 이런 좋은 일에는 질투하는 시선들이 많더군요. 물론 이러한 부정적인 시선들로 인해 어려움을 겪기도 했지만, 아이들이 계속해서 좋아지고 치료가 되었기 때문에 그런 어려움도 쉽게 이겨낼 수 있었습니다.

병원에서 혹은 전문의가 완전히 치료될 수 없다고 말할 수도 있습니다. 보통 의사나 관련 전문가 선생님들은 이론을 먼저 배운 뒤 자폐아동들을 만나게 되죠. 자폐는 선천적인 장애라고 배웠기 때문에 "완전한 치료는 없다"고 말하는 것입니다. 하지만 저는 배우기에 앞서 먼저 자폐아동들을 만났습니다. 치료가 될 수 있다고, 들었고 그 말을 믿으면서 자폐아동들과 함께 시간을 보냈습니다. 그랬더니 아이들이 정말로 좋아지고 치료가 되는 것을 목격했습니다.

우리는 아이들에 대한 꿈을 져버려서는 안 됩니다. 불치병 환자가 고쳐지는 일들이 세상에 얼마나 많습니까? 며칠 혹은 몇 달 후면 죽는다는 불치병도 고치는데, 한참 성장하고 앞날이 창창한 아이들의 가능성은 더욱 무한합니다.

지금 내 아이가 꿈을 꿀 수 없다면 우리가 대신 꿈을 꿔야 합니다. 우리가 기다리고 인내하면 아이가 꿈을 꾸고 날개를 펼 수 있는 날이 올 것입니다. 지금 힘든 시기를 이겨낸 아이가 멋진 어른으로 성장할 미래를 머릿속에 그려보세요. 참 많은 것이 생각하기에 달려있습니다. 자녀의 미래도 내 생각에 따라서 달라질 수 있습니다.

치료될 수 있다고 생각하세요. 아이를 믿어주세요. "넌 할 수 있어!"라고 아이에게 말해주세요. "사랑하는 내 아들/딸, 잘할 수 있지?"라고 토닥거려주세요. 아이는 분명 당신의 믿음과 기대를 저버리지 않을 것입니다.

자폐아동과의 만남의 시작부터
지금까지 그 모든 것이 감사합니다

저는 아이들을 좋아합니다. 그래서 자폐아동을 보면 마음이 설렙니다. 이 아이는 또 어떤 기적을 보여줄까 기대하기 때문입니다. 그 아이들의 변화를 만날 때마다 기쁨이 터져 나오고, 입가에 미소가 떠나지 않습니다. 그렇게 제 삶의 감격과 감동이 끊이지 않습니다. 이러한 선물 같은 기쁨을 이 아이들을 통해서 얻게 됩니다.

아이들의 잠재력은 무한합니다. 자폐성향이 보인다는 이유로, 발달 과정에 문제가 있다는 이유로 그 잠재력을 과소평가하면 안 됩니다. 어른들의 기준과 잘못된 시선으로 이 아이들을 '자폐성 장애'를 가진 아이라고, 능력이 제한된 아이라고 보지 말아야 합니다. 그 무한한 가능성을 좁은 틀에 가두는 일이 없어야 합니다.

방법과 길도 있습니다. 이미 수많은 아이들이 보여준 명확한 방법이고 길입니다. 그 길은 먼저 가본 이들과 함께 간다면 결코 힘들지 않는 코스이기도 합니다. 제가 그 길을 가꾸고 보여드리기 위해 저희들은 계속 최선을 다하겠습니다.

이 책을 출간하면서 많은 분들로부터 다양하고 큰 도움을 받았습니다. 이 척박한 분야를 열정으로 피땀 흘려 일궈주신 한국특수요육원 김일권 소장님과 강정아 원장님께 감사 드립니다. 끊임없이 기도하면서 연구하고 발로 뛰시며 여기까지 이끌어주신 두 분께 깊은 감사를 드리며, 존경하고 사랑합니다.

늘 제 곁에서 힘이 되어주는 든든한 남편 이얼 님에게도 무한한 사랑을 표합니다. 새벽기도 8개월 후에 선물처럼 주신 신랑, 언제나 내게 최고의 친구이자 조언가입니다. 언제 봐도 사랑스러운, 그러면서도 많은 시간을 함께해주지 못해서 늘 미안한 내 딸, 이지안에게 오늘도 말하고 싶네요. "사랑하는 딸 이지안, 고맙고 사랑해!" 부족한 며느리와 한집에서 살아주시고 매일매일 도와주시고 보살펴주시는 아버님, 어머님께도 죄송한 마음과 함께 고개 숙여 감사를 드립니다. 한국특수요육원에서 함께해주고 계시는 천사 같은 선생님들께도 감사 드립니다. 자폐아동들을 사랑해주시고, 기도로 함께해주시는 선생님들 덕분에 정말 행복합니다.

저희를 믿고 귀한 자녀들을 보내주시고, 함께해주고 계시는 수많은 학부모님들께도 감사드립니다. 아울러 분명 우리 아이들은 놀라운 능력과 잠재력이 있다고 다시 한 번 확실하게 말씀을 드리겠습니다.

14년간 저와 함께해준 수많은 발달장애를 지닌 아이들과 자폐성 장애를 지닌 아이들, 내게 사랑을 보여주고, 잘 따라와준 이 아이들이 정말 소중하고 아름답습니다. 이 일을 10년 넘게 할 수 있었던 것도 사랑스러운 이 아이들 덕분이었습니다.

언제나 나에게 은혜와 사랑을 아끼지 않으시는 하나님, 이전에도 지금도 저와 함께하시고, 이 아이들과 함께 할 수 있도록, 이 아이들이 치료될 수 있도록 계속 새로운 힘과 새로운 지혜를 주시는 하나님께 이 모든 영광을 올려 드립니다. 감사합니다.

김승언(한국특수요육원 원감, 터치아이발달센터 대표)

참고 문헌

구보타 기소우 지음, 고선윤 옮김,《손과 뇌》, 바다출판사, 2014.

김영훈 지음,《닥터 김영훈의 영재두뇌 만들기》, 베가북스, 2011.

김일권 지음,《유아장애와 치료 교육》, 강남출판사, 2005.

김종만 지음,《신경해부생리학》, 정담미디어, 1993.

김종만 지음,《물리치료사와 작업치료사를 위한 임상신경학》, 정담미디어, 1999.

김종만 외 지음,《물리치료사와 작업치료사를 위한 신경해부생리학》, (주)학지사,
  2013.

니콜라우스 뉘첼·위르겐 안드리히 지음, 김완균 옮김,《청소년을 위한 뇌과학》,
  (주)비룡소, 2014.

데이비드 샤퍼·캐서린 킵 지음, 송길연 외 옮김,《발달심리학》, 박영스토리,
  2014.

데이비드 월시 지음, 천근아 외 옮김,《스마트 브레인》, 비아북, 2012.

도조 겐이치 지음, 김소연 옮김,《아이는 느려도 성장한다》, (주)문예출판사,
  2004.

로이 리처드 그린커 지음, 노지양 옮김,《낯설지 않은 아이들》, 애플트리테일즈,
  2008.

리타 카터 지음, 장선준 옮김,《뇌》, (주)21세기북스, 2010.

마크 베어, 베리 콘노르스, 미카엘 파라디소 지음, 강봉균 외 옮김.《신경과학:
  뇌의 탐구》, 바이오메디북, 2009.

박랑규·안동현 지음,《내일을 기다리는 아이》, 이랑, 2013.

박문호 지음, 《뇌과학의 모든 것》, (주)휴머니스트, 2013.

브루스 골드스타인 지음, 김정오, 곽호완, 남종호, 도경수, 박권생, 박창호, 정상철 옮김, 《감각과 지각》, 센게이지러닝코리아, 2012.

샌드라 블레이크슬리·매슈 블레이크슬리 지음, 정병선 옮김, 《뇌 속의 신체지도》, 한영문화사, 2011.

수 레어 지음, 김지련 옮김, 《아름다운 벤:자폐를 가진 내 아들》, (주)시그마프레스, 2015.

승현준 지음, 《커넥톰, 뇌의 지도》, 김영사, 2014.

신성욱 지음, 《뇌가 좋은 아이》, 마더북스, 2009.

신의진 지음, 《디지털 세상이 아이를 아프게 한다》, 북클라우드, 2013.

안토니오 다마지오 지음, 임지원 옮김, 《스피노자의 뇌》, 사이언스북스, 2007.

앤드루 솔로몬 지음, 고기탁 옮김, 《부모와 다른 아이들1》, 열린책들, 2015.1.10

야마구치 하지메 지음, 김정운 옮김, 《애무, 만지지 않으면 사랑이 아니다》, 프로네시스, 2007.

야마구치 하지메 지음, 안수경 옮김, 《아이의 뇌는 피부에 있다》, 세각사, 2007.

이병용 지음, 《장난감을 버려라 아이의 인생이 달라진다》, (주)살림출판사, 2005.

이요섭 지음, 《나를 만져주세요》, 도서출판 나섬, 1993.

장보근 지음, 《뇌를 살리는 부모 뇌를 망치는 부모》, (주)위즈덤하우스, 2011.

제프 호킨스·샌드라 블레이크슬리 지음, 이한음 옮김, 《생각하는 뇌, 생각하는 기계》, (주)멘토르, 2011.

조수철 지음, 《자폐장애》, 학지사, 2011.

조셉 레둑스 지음, 최준식 옮김, 《느끼는 뇌》, 학지사, 2006.

조장희, 김영보 지음, 《뇌영상으로보는 뇌과학》, 뉴턴코리아, 2014.

조지프 르두 지음, 강봉균 옮김, 《시냅스와 자아》, 동녘사이언스, 2011.

조지프 르두 지음, 최준식 옮김, 《뇌가 들려주는 신비로운 정서이야기 느끼는 뇌》, (주)학지사, 2013.

진혜경, 김현정 지음, 《자폐증: 마음과 뇌》, 여문각, 2011.

카라 펜스, 로라 저스티스 지음, 김성수 외 옮김, 《언어발달 이론에서 실제까지》, ㈜학지사, 2013.

템플 그랜딘 지음, 박경희 옮김, 《어느 자폐인 이야기》, 김영사, 2014.

템플 그랜딘 지음, 홍한별 옮김, 《나는 그림으로 생각한다》, 양철북, 2014.

토니 루스, 나이리 루스 지음, 김예녕, 이현정 옮김, 《맨살로 키워라》, ㈜맥스퍼블리싱, 2012.

패트리샤 처칠랜드 지음, 박제윤 옮김, 《뇌과학과 철학 마음-뇌 통합 과학을 향하여》, 철학과현실사, 2013.

폴 콜린스 지음, 홍한별 옮김, 《네모난 못》, 양철북, 2006.

프랭크 네터 지음, CIBA원색도해의학총서 편찬위원회 옮김, 《CIBA원색도해의학총서》, 정담, 2000.

프레드릭 르봐이예 지음, 김영주 옮김, 《아기는 마사지가 필요하다》, ㈜샘터사, 2005.

호아킨 프스테르 지음, 김미선 옮김, 《신경과학으로 보는 마음의 지도》, 휴먼사이언스, 2014.

홍준표 지음, 《응용행동분석》, 학지사, 2009.

히가시다 나오키 지음, 김난주 옮김, 《나는 괜찮은 사람입니다》, 흐름출판, 2015.

EBS 〈학교의 고백〉 제작팀 지음, 《EBS 교육대기획 스스로 가능성을 여는 아이의 발견》, ㈜북하우스 퍼블리셔스, 2013.

자폐의 비밀과 치료의 길이 열리는 오픈 도어

펴   냄 2020년 10월 28일 1판 4쇄
지 은 이 김승언
감   수 안동현
펴 낸 이 김철종
펴 낸 곳 (주)한언
등록번호 제1-128호 / 등록일자 1983. 9. 30
주   소 서울시 종로구 삼일대로 453(경운동) KAFFE 빌딩 2층(우 110-310)
          TEL. 02-723-3114(대) / FAX. 02-701-4449

홈페이지 www.haneon.com
e-mail haneon@haneon.com

이 책의 무단전재 및 복제를 금합니다.
책값은 뒤표지에 표시되어 있습니다.
잘못 만들어진 책은 구입하신 서점에서 바꾸어 드립니다.
ISBN 978-89-5596-753-1 13590

이 도서의 국립중앙도서관 출판예정도서목록(CIP)은
서지정보유통지원시스템 홈페이지(http://seoji.nl.go.kr)와
국가자료공동목록시스템(http://www.nl.go.kr/kolisnet)에서 이용하실 수 있습니다.
(CIP제어번호: CIP2016004419)